Méthodologie de l'entraînement sportif

OBJECTIF STAPS

Collection dirigée par Youcef Alanbagi

Méthodologie de l'entraînement sportif

Youcef Alanbagi (coord.)
Docteur en Sciences du Sport, Professeur agrégé d'EPS
Université Paris Descartes

Marc Testa
Docteur en Sciences du Sport, Professeur d'EPS
Université Paris Descartes

ellipses

Dans la même collection

- *Psychologie sociale*, Nicolas Besombes, Alexandre Oboeuf (coord.).
- *Biomécanique*, Romuald Lepers, Alain Martin.
- *L'enseignement de l'Education physique et sportive à l'École*, Zine Boukriche, Laurence Vilain, Youcef Alanbagi (coord.).
- *Méthodologie de l'entraînement sportif*, Marc Testa, Youcef Alanbagi (coord.)
- *Neurosciences comportementales*, Frédéric Danion, Ludovic Marin (coord.).
- *Physiologie de l'exercice physique, entraînement et santé*, Christine Le Page.

Remerciements

À la famille ALANBAGI, pour leur soutien et leur amour.
À mes filles Ilyanna et Mayssa.
À mes entraîneurs de judo d'hier et d'aujourd'hui :
Sylvain, Jean-Yves, Fabrice, Frédéric, Philippe, Pascal, Stéphane et Thierry.
À mes partenaires d'entraînement côtoyés sur les tatamis du monde entier.

Youcef ALANBAGI

À mes fils Clément et Antoine.
À ma famille et mes ami-es, ici et au-delà des frontières.

Marc TESTA

ISBN 9782340-013001
©Ellipses Édition Marketing S.A., 2016
32, rue Bargue 75740 Paris cedex 15

www.editions-ellipses.fr

TABLE DES MATIÈRES

INTRODUCTION

L'entraînement est un principe très ancien puisque dans la Grèce antique les participants aux jeux s'exerçaient un mois durant avant de concourir. Epictète (50-125 après J.C.) a révélé l'intérêt des massages et de la nourriture, de la « spécificité » de l'activité pour conduire au mieux la maîtrise physique et moral du sujet. Ce principe de stage d'entraînement pour optimiser les performances se retrouve comme préalable à tout événement sportif international comme lors des Coupes du monde ou des Jeux Olympiques.

L'entraînement est un terme générique qui caractérise la pratique régulière et méthodique d'un exercice. Dans le cadre des activités physiques de loisirs, il permet de maintenir un niveau de forme dont les effets prophylactiques sur la santé favorisent l'équilibre physique et psychologique. Ce sont des activités variées qui recouvrent aussi bien « le step » le « stretching » que le « nordic walking », etc. Pour des activités réalisées dans le cadre médical, l'intention thérapeutique vise, par une réadaptation, à recouvrer des aptitudes fonctionnelles usuelles. Ainsi, le kinésithérapeute sera en mesure d'organiser des programmes de musculation ou d'étirement. Pour l'enseignant d'EPS, l'activité physique est éducative et donne lieu à des situations favorisant l'autonomie et la responsabilité de l'élève. Enfin, pour les entraîneurs sportifs, les activités sportives sont les supports de la compétition. Ainsi, l'entraînement permet d'améliorer un niveau de performance en mobilisant et optimisant les ressources physiques, techniques, tactique et psychologiques du sujet.

Cet ouvrage s'adresse plus particulièrement aux étudiants en STAPS (Sciences et Techniques des Activités Physiques et Sportives), mais également aux candidats aux concours de l'enseignement, aux professeurs d'EPS, ainsi qu'aux entraîneurs souhaitant compléter leurs connaissances relatives aux processus d'entraînement.

L'entraînement est basé sur le principe d'adaptation et donc de plasticité. En effet, les contraintes externes définies par l'exercice à réaliser génèrent des contraintes internes et de façon récurrente des transformations. Ces transformations permettent de progresser par rapport à un but et demeurent tant qu'un certain niveau de travail (de volume ou d'intensité) persiste. À l'inverse, au-dessous d'un certain seuil se produit un « désentraînement » que l'on nomme le principe de réversibilité. Par exemple, s'il est clair que les facteurs énergétiques ou neuromusculaires s'adaptent directement à la pratique, la structure osseuse se forme et se résorbe (loi de Wolff et de Delpech) en fonction des contraintes mécaniques. Ainsi, la pratique sportive précoce peut avoir un impact significatif sur la croissance mais réciproquement un effet préventif contre l'ostéoporose. En apesanteur, les spationautes sont sujets à une perte très significative de la densité osseuse et s'entrainent en contrepartie très régulièrement sur des « home trainer ».

Factuellement, définir un entraînement implique de planifier des objectifs, de choisir des méthodes et des exercices au regard de la logique interne de l'activité et de la spécificité du sujet. Formuler les modalités d'un « bon » entraînement qui englobe à la fois les aspects technico-tactiques et psycho-physiologiques revient à définir un algorithme très complexe. La mise en œuvre des procédures d'accomplissement revient donc à réduire au mieux les incertitudes d'une combinaison plurifactorielle de données tant quantitatives que qualitatives. On s'adresse ici non pas uniquement à la performance sportive mais à une acception beaucoup plus large telle qu'elle est comprise en anglais à travers le verbe « to perform ». Ce terme signifie en outre « accomplissement » et « représentations ». Il s'agira donc de développer au mieux les capacités du sportif en exploitant de façon maximale les possibilités de son potentiel.

La performance sportive exprime donc les possibilités maximales d'un individu dans une discipline à un moment donné de son développement (Platonov, 1988). Moins prosaïquement, nous dirons que c'est un résultat à un instant T. Car si le sportif tend vers des valeurs limites (on parle ainsi de force limite), nous ne pouvons jamais affirmer qu'un optimum soit atteint.

Finalement, l'entraîneur n'est pas simplement un agent technique pilotant des modèles de préparation. Il doit savoir analyser, concevoir, transmettre parfois médier, contextualiser et justifier, mais surtout décider. Connaissant les caractéristiques relevant de la compétition et de l'environnement dans lequel il évolue avec ses sportifs, il profite de l'ensemble de ces interactions pour agir et orienter.

Tout au long de cet ouvrage, il s'agira d'exposer clairement les procédures d'entraînement, de les vulgariser sans schématiser. L'idée, selon une vision macroscopique, est de permettre à chaque sportive et sportif, d'organiser son entraînement de manière lucide, autonome et sécuritaire. Nous répondons en cela à des objectifs sociétaux plus larges comme la gestion de la vie physique et le développement du bien-être physique, psychologique et social. De surcroît, un entraînement bien maîtrisé, qu'il soit réalisé de manière individuelle ou en collaboration permet aussi d'éviter les blessures et donc les coûts relatifs à la santé. C'est cette responsabilité individuelle et collective qui est recherchée dans les établissements scolaires du secondaire quand est proposée la compétence propre n° 5 « réaliser et orienter son activité physique en vue du développement et de l'entretien de soi ».

CHAPITRE 1
PRINCIPES GÉNÉRAUX DE L'ENTRAÎNEMENT

Marc Testa – Youcef Alanbagi

L'internationalisation puis la mondialisation de tout événement sportif a conduit à des niveaux de compétences et donc de performances pour les sportifs de plus en plus exigeants et concurrentiels. Cela conduit à une optimisation des « process » d'entraînement, notamment par l'apport des connaissances scientifiques, de l'informatique et de l'ingénierie. Des systèmes de classement permettent de suivre en continu et après chaque compétition le niveau d'une équipe ou d'un athlète et ce, dès la catégorie cadet.

Le volume d'entraînement n'étant pas infiniment extensible, l'évolution de l'entraînement s'oriente vers une amélioration des caractéristiques qualitatives. Communément, plutôt que de s'entraîner plus, pouvons-nous nous entraîner de manière plus intelligente ? Par exemple, quelques études marginales montrent que pour générer un gain de force, les séries uniques seraient aussi efficaces que les séries multiples (Hass et al., 2000). Nous pouvons comprendre ici de l'intérêt de tels résultats sur les temps d'entraînement. Empiriquement, si une série permet pour des novices de maintenir un niveau de la force voire une amélioration, pour le sportif de haut niveau cela apparaît insuffisant. Aussi de nombreux ouvrages des années 1980 et 1990 proposaient des intensités de forces élevées couplé à un nombre important de séries (parfois plus de 10 séries). Plus récemment, Fleck et Kraemer (1997) affirmaient que le nombre optimal de séries se situait entre 2 et 5 séries. Enfin, l'article de Carpinelli (2002) fait une revue de questions sur l'efficacité de chacune des études en y dénonçant les séries multiples et leurs manques de pertinences. Si l'hétérogénéité des recherches, le manque de cohérence entre les variables analysées et les protocoles nuisent au bon entendement, nous pouvons finalement souligner que les séries multiples demeurent une solution éprouvée et quoi qu'il en soit, plus efficaces pour les experts. Par cet exemple, il apparaît clairement que l'entraînement, au-delà des méthodes plus ou moins empiriques, est aussi une science qui s'interroge, recherche et évolue.

Nous considérons l'entraînement comme l'ensemble des procédures complexes permettant le développement optimal des ressources physiques, psychologiques et technico-tactiques de l'athlète pour atteindre un optimum de performance au regard d'une échéance donnée dans une activité particulière. Ces procédures répondent à une logique préalablement programmée et réajustée en fonction des réponses du sportif, des contraintes humaines, matérielles et environnementales. C'est donc un ensemble d'action dont la finalité est d'obtenir des transformations caractérisées comme déterminantes de la performance. En outre, La mise en place d'un plan d'entraînement commence par la définition d'objectifs. Ces objectifs sont opérationnalisés par des contenus et contrôlés par des tests. Cela permet de rendre compte des effets de transformation et d'en élaborer le suivi.

Entraîneur : un rôle complexe

Nous avons déjà souligné le rôle complexe de l'entraîneur car il doit intervenir sur des domaines certes complémentaires mais nécessitant des compétences avérées.

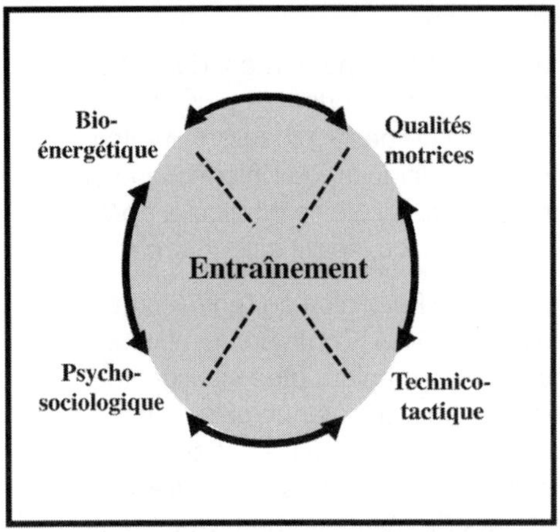

Figure n° 1. Domaines d'interventions de l'entraînement

À la diversité des compétences, la multiplicité des secteurs d'interventions complique la tâche de l'entraîneur. Concrètement, il opérera sur différents registres d'intervention.

Le premier registre est de type opérationnel par l'élaboration d'un calendrier en fonction des compétitions et la planification de cycles en fonction des ressources organiques et fonctionnelles. Le but étant de mobiliser ces ressources pour arriver à un optimum d'efficacité le jour des compétitions. Le calendrier des compétitions déterminent la marge de planification. L'écart entre le niveau du sportif et les exigences de l'épreuve détermine les objectifs de performance et la marge de progression.

Le deuxième registre vise à développer les qualités physiques. C'est le registre structurel incontournable de la préparation physique. La sollicitation des qualités physiques définissent les ressources permettant de répondre aux exigences des contraintes de la tâche (Delignières & Duret, 1995). Leur amélioration autour de la dimension technico-tactiques de la discipline, concourt au développement de la performance du sportif.

Le troisième registre concerne le domaine énergétique. L'énergie nécessaire à toute activité sportive provient de trois origines distinctes (deux sont anaérobies une est aérobie). Bien que fonctionnant en parallèle, ces sources d'énergie possèdent des durées de fonctionnement spécifiques, des capacités, des débits différents. En fonction des exigences de la pratique l'entraîneur doit mettre en adéquation les contraintes métaboliques de la tâche avec les potentiels de diffusion énergétique du sujet.

Le quatrième registre touche aux apprentissages techniques spécifiques à l'activité. Il s'agit de comprendre la logique interne d'une activité pour intégrer les formes corporelles (on parle aussi de pattern c'est-à-dire de modèle), comme les ressources bio-informationnelles. C'est en mettant en relation ces caractéristiques dans les efforts ou exercices que la préparation physique se fait plus pertinente.

Le cinquième registre appréhende le reconditionnement du sportif (prophylaxie). En effet, l'objectif est ici de limiter les facteurs traumatiques liés à la technicité du geste, à la répétition et à la fatigue. Le développement proprioceptif et kinesthésique de l'organisation segmentaire et du placement des ceintures (pelvienne et scapulaire) réduisent les contraintes mécaniques. Le gainage permet alors de maintenir et de résister aux forces gravitationnelles et/ou inertielles contrôlant par exemple les courbures au niveau du rachis. Des méthodes actives de prévention permettent de réduire considérablement les blessures.

Le sixième registre s'intéresse à l'accompagnement psychologique. Il doit s'adapter aux traits de personnalité du sportif. Il détermine fortement la motivation que cela soit au quotidien dans la gestion de l'effort par et à travers les entraînements ou en compétition pour la maîtrise des émotions qui permet de gérer les réactions affectives transitoires.

Le septième registre considère les relations interpersonnelles émergeant dans la dynamique du groupe et dans la constitution d'un leadership. Bien sûr ce registre est prégnant dans les sports collectifs.

Pour le huitième registre, l'entraîneur doit se muer en intendant en organisant la gestion du matériel, des installations ou des déplacements. Pour les structures professionnelles l'entraîneur est souvent déchargé de cette fonction.

Si l'évolution de la préparation physique tend vers des contenus de plus en plus spécifiques, cela implique que les entraîneurs soient eux-mêmes issus du sport pratiqué mais ce n'est pas une condition exclusive de la réussite. Cependant, la délivrance de diplômes validant des niveaux de compétences par les fédérations n'incite pas à une diversité des profils. Finalement, la diversité des registres doit convier l'entraîneur à une certaine polyvalence et à suivre les évolutions parfois ponctuelles car elles permettent en les intégrant des perfectionnements notables de l'entraînement.

Les contextes environnementaux et sportifs

Outre l'entraîneur qui joue un rôle prégnant sur le niveau de performance des athlètes, l'environnement socio-culturel, familial, économique, matériel, scolaire et sportif sont autant de facteurs exogènes plus ou moins incitatifs. Le poids du contexte sportif (sphère professionnelle ou amateur, niveau de l'athlète...) modifie clairement les statuts et les intérêts réciproques. D'un côté, une marchandisation incitant à détecter et spéculer sur les talents avec l'image qui l'emporte parfois sur les résultats. Ici, l'activité sportive se conçoit alors comme un spectacle. De l'autre, des activités sportives affinitaires qui s'exercent parfois en catimini. Autant de passions, autant de diversités d'intérêts et d'actions à considérer, autant de contextes différents.

Nous relevons dans les sphères d'interactions agissant sur la performance plusieurs groupes d'actions : en premier lieu l'activité sportive qui définit des aspects techniques et tactiques, les aptitudes de l'athlète ayant trait aux aspects psychologiques et physiques, le milieu socio-culturel que l'on peut définir au sens large par le contexte environnemental, enfin le processus d'entraînement lui-même à travers sa structure et ses objectifs. De nombreux modèles complexes proposent des schémas de groupes d'interactions. L'analyse des exigences de l'activité sportive et de la mise en évidence des ressources du sportif permet d'identifier les besoins nécessaires menant de manière logique et cohérente à la détermination de contenus d'entraînement. Accompagné de toute son équipe, l'entraîneur permet le développement des habiletés motrices spécifiques, des coordinations gestuelles, des différentes filières énergétiques, du renforcement musculaire dans le cadre d'une planification raisonnée et évolutive au cours de la saison en fonction des réponses du sportif et de ses résultats. L'entraineur doit également être en mesure de prendre en compte les aspects prophylactiques de la pratique physique s'il souhaite optimiser au mieux le processus d'entraînement.

La préparation physique

L'objectif de la préparation physique pour une activité sportive déterminée est de développer les capacités motrices fonctionnelles pour la réalisation de meilleures performances. Plus précisément, c'est solliciter de façon organisée par une programmation adéquate et progressive en s'appuyant sur les lois de l'entraînement (volume-intensité, récupération, etc.), les systèmes neuromusculaires (physiologie de l'exercice) dans des conditions biomécaniques (technique gestuelle) et des contextes situationnels (tactique) définis pour développer les ressources d'un sujet.

Appréhender la préparation physique par rapport à une activité sportive, c'est être capable d'identifier les particularités de l'engagement musculaire efficace relatif aux exigences du but à atteindre.

L'entraîneur doit alors tenir compte de :

- La logique interne de l'activité.
- Des caractéristiques
  - physiologiques du muscle
  - biomécanique du mouvement
  - du contrôle moteur
- De la spécificité du sujet

Pour répondre :

- Aux exigences du sport pratiqué
- Aux besoins personnels du sportif

Les trois grandes phases de la préparation physique

L'entraînement sportif s'accompagne toujours d'une chronologie d'objectifs (par exemple hypertrophie, force, puissance, vitesse pour le développement de la force) déterminant la périodisation. Chaque objectif peut se caractériser par des méthodes d'entraînement initialement définies par Zatsiorsky (1966) à travers la méthode des efforts répétés, maximaux ou dynamiques, correspondant plus ou moins aux périodisations définies ultérieurement par Pradet ou Egger.

Chaque période se compose de plusieurs cycles de trois ou quatre semaines. Pour chaque cycle, l'effort est progressif en PPG avec une semaine de récupération (cycle de quatre semaines généralement), dégressive en PPA et PPS (cycle de trois semaines).

Ainsi, le début de saison s'accompagne d'une préparation physique généralisée (PPG) selon Pradet (1996) ou phase extensive selon Egger (1997). Durant cette phase, la répétition des efforts dont l'intensité est située entre 50 à 75 % du maximum, permet à mesure d'une fatigue croissante, de solliciter toutes les unités motrices rapides et fatigables pour maintenir l'exercice. Cette période permet la mise en place des pré-requis spécifiques à l'activité notamment du perfectionnement technique. La durée de l'entraînement foncier est généralement égale à la durée de l'entraînement d'optimisation.

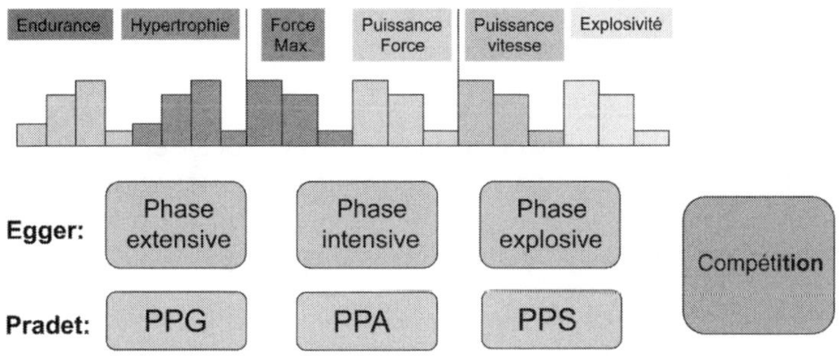

Figure n° 2. Périodisation de l'entraînement

Cette préparation se prolonge différemment tout au long de l'année pour compenser les déséquilibres notoires générés par l'entraînement au niveau des structures musculaires, tendineuses et articulaires. Généraliser ne signifie donc pas un développement global sans distinctions marquées en fonction des disciplines ou des sujets. Au contraire, intégrée aux processus d'entraînement, cette phase s'oriente et se pilote selon les contraintes de l'activité, du sujet et particulièrement selon ses points faibles à compenser et du calendrier.

Traditionnellement, la base de la préparation physique s'adosse sur des exercices d'endurance ou aérobie. La force d'endurance est classiquement définie comme la « capacité » à maintenir un effort dans la durée (Harre, 1976) selon une charge, une cadence, une puissance ou une amplitude donnée sans baisse de performance. Ce travail d'endurance est le préalable nécessaire permettant de développer des capacités de récupération pour résister à la fatigue lors de toute la saison. À partir de ce principe, les séances s'appuient généralement sur une augmentation du volume, c'est-à-dire des répétitions en se focalisant de façon plus ou moins uniforme sur l'endurance. Désormais, il faut concevoir une potentialisation plus globale en sollicitant aussi la force et la puissance.

Une augmentation de l'intensité des exercices permet en corollaire une préparation du développement des autres composantes comme la force et la puissance. À une moindre fatigue musculaire, l'entraînement se polarise plus sur l'ensemble des qualités. Cependant, dans le cadre d'une potentialisation globale, il faut noter qu'un travail d'endurance ne doit pas suivre un entraînement de force, car celui-ci inhibe les effets du renforcement (Thomson et al., 2008).

Le travail à charge constante permet de cumuler la fatigue au cours des séries mais ne favorise pas une synchronisation spatiale des unités motrices. Le travail à charge croissante à travers la pyramide montante par exemple, génère des niveaux de contrainte interne d'autant plus grands que la fatigue augmente exponentiellement dans les séries. Il faut donc prendre garde à une surcharge d'entraînement. L'exercice mené à épuisement synchronise en revanche les unités motrices en déplaçant le spectre de l'EMG vers les basses fréquences. Le spectre s'élargit par recrutement d'unités motrices additionnelles.

La deuxième phase est appelée préparation physique auxiliaire (PPA). Il s'agit ici de développer des qualités physiques en relation directe avec l'activité pratiquée, notamment en fonction du sportif et des choix technico-tactiques prioritaires pour être performant lors de la compétition. Ce sont essentiellement les points forts de l'athlète qui sont travaillés dans ce cas. Enfin, nous pouvons mentionner ce que l'on appelle la préparation physique spécifique (PPS) qui intervient essentiellement lors des périodes dites pré-compétitives. Il s'agit ici d'harmoniser tous les facteurs de performance afin de rechercher un état optimal de condition physique.

Il est à noter que dans une saison sportive le nombre de compétitions peut-être important. Viser un record, obtenir la première place ou seulement se qualifier nécessite une préparation différente. En outre, des préparations physiques auxiliaires ou spécifiques peuvent se renouveler au cours de la saison sportive de même qu'une préparation physique générale notamment dans le cadre des retours de vacances.

Préparation physique : dissociée, associée, intégrée

Comme nous l'avons mentionné, la préparation physique doit être spécifique. Au cours de la saison, le poids de cette variable augmente progressivement (Aubert, 2012). En premier lieu, nous avons la préparation physique dissociée. Dans ce cas, les séances physiques et technico-tactiques sont organisées séparément dans la journée. Les exercices physiques sont programmés en dehors de la séance sportive proprement dite. La séance sportive s'adresse principalement aux sportifs de haut-niveau et l'entraînement peut être biquotidien. En outre, pour les sportifs de haut-niveau, la préparation peut être également associée et intégrée. Il n'y a pas d'exclusivité à adopter une préparation de type dissocié. Ces différents types de préparation physique se nourrissent mutuellement durant l'année sportive.

Nous retrouvons ensuite la préparation physique associée. Elle peut s'adresser aux sportifs disposant de peu d'heures d'entraînement mais dont l'objectif est d'augmenter leur potentiel athlétique. Ici, le temps et les charges de travail physiques et techniques s'alternent dans la séance. Elle a comme objectif d'étayer la performance par des exercices ciblant une qualité physique particulière. Cette dernière peut être située à tout moment dans la séance d'entraînement. On utilise essentiellement la préparation physique associée lors de période de maintien du potentiel, notamment dans la phase dite auxiliaire.

Enfin, nous retrouvons la préparation physique intégrée. La dimension physique est intégrée spécifiquement dans la discipline. Ce n'est pas réellement une préparation physique méthodologique mais une utilisation des qualités physiques à des fins technico-tactiques. Nous retrouvons surtout cette préparation physique intégrée lors de la période d'affûtage et durant la période compétitive.

La préparation physique intégrée semble particulièrement indiquée pour les jeunes sportifs en formation où la dimension technico-tactique est prioritaire. Le développement des qualités physiques générales leur permet d'acquérir une plus grande disponibilité gestuelle et physique. Ce n'est qu'après ce développement technique que le renforcement musculaire viendra se greffer et non l'inverse.

Principes de l'entraînement

Il revient à l'entraîneur et son « staff » technique d'organiser les méthodes d'entraînement. En dehors des principes réguliers, l'entraîneur doit demeurer comme une force de propositions pour s'adapter aux caractéristiques ponctuelles et individuelles. Nous distinguerons dix-huit principes qui déterminent la conception, l'organisation et la mise en place de l'entraînement.

L'individualisation

La charge d'entraînement (intensité, durée, fréquence des séances) est définie en fonction des caractéristiques (sexe, âge, poids, niveau de pratique, poste dans l'équipe, niveau initial...) du sportif. On parle parfois d'entraînabilité. Les capacités d'adaptation à la charge de travail peuvent varier significativement d'un sujet à l'autre. En effet, les caractéristiques histologiques du muscle (teneur en fibres lentes ou rapides), nerveuses, endocriniennes ou métaboliques variant d'un sujet à l'autre produisent au final des performances différentes. À travers les différents exercices proposés, l'entraînement permet au sportif de mieux se connaître mais aussi à l'entraîneur de percevoir de manière plus fine, les caractéristiques de ses athlètes. L'entraineur doit donc être vigilant et tenir compte des caractéristiques individuelles de chacun.

Le matériel

Le choix du matériel utilisé détermine fortement les progrès des athlètes plus particulièrement en musculation. Les appareils de musculation guidés assurent une pratique des exercices en toute sécurité. Ces appareils permettent à un seul responsable de « surveiller » un groupe élargi de personnes. L'entraîneur peut facilement gérer un groupe hétérogène. Par ailleurs, l'intérêt économique et sécuritaire de ce type de matériel est aisément compréhensible, d'où sa présence quasi-systématique dans des structures comme les clubs privés). Cependant, les exercices sur système autoguidé ne sont pas aussi globaux que les exercices traditionnels avec les haltères. Ils ne sollicitent que faiblement l'organisation des chaînes musculaires posturo-cinétiques. Les muscles stabilisateurs responsables de l'équilibre à partir duquel s'établit la chronologie des actions segmentaires, de même que les références proprioceptives impliquées dans le positionnement des ceintures sont peu ou pas mobilisés. Le travail musculaire sur les appareils guidés apparaît donc assez restrictif si l'on considère les effets induits au niveau des synergies musculaires. Les sportifs experts préféreront donc les exercices avec haltères et charges libres qui sollicitent les coordinations inter et intramusculaires. Les systèmes de musculation avec guidage sont donc adaptés aux exercices d'apprentissage comme, par ailleurs, tout exercice à visé prophylactique. Il faut noter cependant que si les matériels avec poulies ne présentent qu'un intérêt relatif pour les experts, les matériels avec cames sont particulièrement intéressants. Ils permettent de moduler les contraintes externes en fonction de l'angle articulaire (régulation de la contrainte = moins de risques de tendinites par des exercices en angulation extrême), ce qui n'est pas le cas avec les charges libres ou avec des systèmes de poulies. Les systèmes avec cames autorisent une mobilisation musculaire sur l'ensemble de la plage angulaire (travail en amplitude) tout en régulant la vitesse. Ce matériel peut donc permettre de développer favorablement les unités motrices séries contribuant aux caractéristiques de vitesse et d'explosivité.

La spécificité

Les exigences requises sont différentes pour chacune des activités sportives. Les exercices effectués et les progressions réalisées lors des phases d'entraînement doivent se transférer en compétition dans des gestes mais plus largement dans des situations de référence. En effet, il ne faut pas trop dissocier les capacités physiques du contexte où elles s'expriment car celles-ci s'expriment à travers les habiletés. Par exemple, l'entraîneur pourra ainsi travailler sur la contrainte temporelle pour améliorer le tir à trois points et résoudre une part du conflit entre vitesse et précision au basket-ball. Knapp (1963) signifie que pour progresser au mieux au saut à la perche, il faut sauter à la perche ! Ainsi, le niveau de force transféré dans un geste technique est plus élevé quand la musculation préalable est plus spécifique (Marini & al. 1988). Pour un entraînement dynamique, l'augmentation de la force musculaire est spécifique à la vitesse de déplacement segmentaire (Kaneshita & Myashita, 1983). Pour un entraînement isométrique, le gain est spécifique à l'angle d'entraînement mais plus homogène pour une valeur moyenne de fermeture de l'angle (Testa & Thépaut-Mathieu, 1985, figure n° 3).

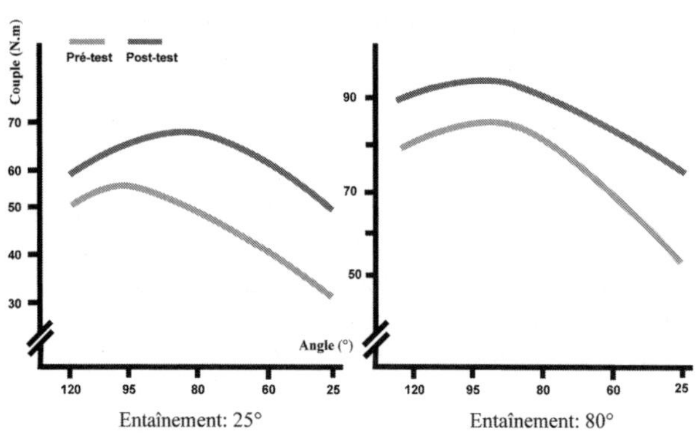

Figure n° 3. Effet d'un entraînement isométrique sur la relation couple-angle

La spécificité se retrouve donc à tous les niveaux : biologique, mécanique, psychologique, technique et tactique.

La variété

À partir d'un certain seuil, la répétition d'un même exercice génère une lassitude voire une baisse de motivation et donc une baisse de performance. Pour les habiletés ouvertes, un entraînement plus diversifié permet de répondre aux situations d'incertitudes et répond favorablement aux exigences situationnelles de compétition. Faire varier permet de maintenir un seuil d'attention élevé et une meilleure centration sur les exercices. Cependant, la multiplication et l'excès d'exercices éducatifs « dénature » parfois la tâche et peuvent empêcher une fixation des patterns et nuire à la progression.

La motivation

Nous venons de voir les effets négatifs de la répétition notamment sur la motivation. Bien souvent, le sportif arrête sa carrière car la motivation pour continuer l'entraînement n'est plus suffisante. Des résultats décevants ou une pression environnementale forte influencent le niveau de motivation avec des conséquences négatives comme positives. Ces effets dépendent des traits de personnalité de l'athlète et des niveaux de motivation intrinsèque et extrinsèque (voir la théorie de l'autodétermination, Deci & Ryan, 1985, 1991). De nombreuses études et ouvrages en psychologie du sport ont caractérisé l'impact des niveaux d'aspiration (but idéal) et d'expectation (but réaliste) sur les conduites

(Delignières, 2015). L'entraîneur doit donc connaître les traits de personnalité et le style de comportement « impulsif-réfléchi du sportif » (Strack & Deutsch, 2004) pour ajuster ses interventions et commentaires.

La surcharge

La charge d'entraînement doit être suffisante pour générer un niveau de fatigue et une progression. La surcharge peut être appliquée soit en prolongeant la **durée** d'un exercice à une intensité donnée, soit en augmentant l'**intensité,** soit en augmentant la **fréquence. Cela permet de faire progresser les qualités d'endurance, de vitesse, de force, de puissance en combinant les effets.** Par exemple, la force maximale ne peut évoluer qu'à partir d'un entraînement à une intensité supérieure à 70 % de sa force maximale initiale.

Surcompensation, récupération et principe d'alternance

La surcompensation est le principe essentiel permettant la progression. Suite à l'exercice et à la fatigue induite, il s'ensuit une phase de récupération. Lors de la phase de récupération (post-entraînement), une surcompensation permet aux réserves énergétiques de se reconstituer à un niveau supérieur au niveau initial. Cette phase de surcompensation autorise une amélioration des potentialités (A). Plus la fatigue est importante, plus la récupération doit être longue et complète. Si la phase de récupération est trop courte les réactions chimiques de synthèse (élimination des déchets, restructuration) est incomplète et ne permettent pas l'établissement d'une surcompensation. Le sujet stagne dans sa progression (B). Une fatigue ponctuelle apparaît, elle peut devenir aigue si les phases de récupérations s'enchaînent (C) : c'est le surentraînement. Le surentraînement génère une baisse de performance.

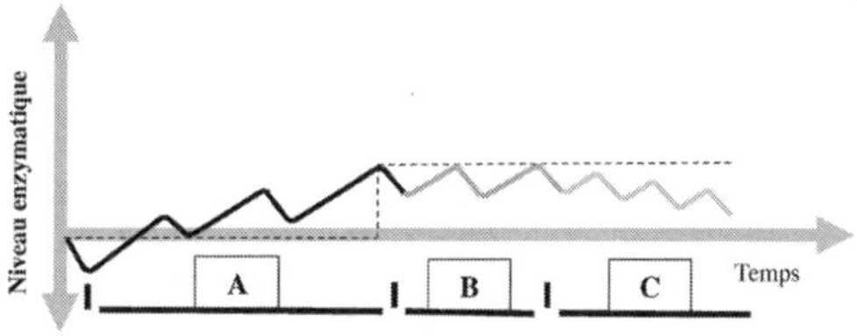

Figure n° 4. Surcompensation et surentraînement

Les séances intensives doivent être alternées avec des séances plus faciles pour permettre une récupération suffisante. Si les entraînements sont trop espacés, l'effet différé s'estompe et ne permettent que d'entretenir les aptitudes préalables. Ce délai varie significativement selon les conditions d'entraînement (intensité, volume, travail global, segmentaire, etc.), les techniques de récupération (massage, électrostimulation, étirement, récupération « active », etc.), « l'hygiène » sportive (alimentation, repos, stress de tout ordre, etc.) et enfin le niveau des sujets. Il est donc difficile et illusoire de contrôler strictement ce point optimal de sollicitation. L'effet cumulatif est le résultat des effets immédiat et différé générant une restructuration biologique et fonctionnelle.

La réversibilité

Les adaptations induites par l'entraînement sont réversibles. Cela signifie que le niveau de performance décroît quand l'intensité ou le volume d'entraînement diminue en dessous d'un certain seuil. Cependant, plus les phases d'entraînement ont été longues, plus les adaptations sont durables. Les transformations acquises au niveau techniques comme les coordinations sont très stables car « les habiletés motrices résistent généralement à l'oubli ».

En effet, pour Guthrie (1952), l'habileté motrice est « la capacité acquise par apprentissage d'atteindre des résultats fixés à l'avance avec un maximum de réussite et souvent un minimum de temps, d'énergie ou les deux à la fois ». Les transformations métaboliques ou musculaires comme la force maximale sont beaucoup plus sensibles. L'apprentissage massé permet une progression plus rapide (figure n° 5, courbe « quotidien ») qu'un apprentissage distribué (courbe « hebdomadaire »). Néanmoins, lors d'une phase de repos, les gains obtenus lors d'un apprentissage distribué sont plus résistants car la perte est moindre.

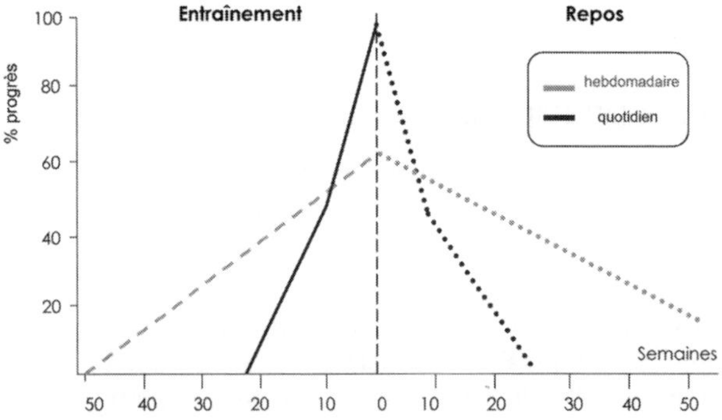

Figure n° 5. Loi de la réversibilité (Hettinger & Muller, 1953)

La progression

La charge d'entraînement doit augmenter de façon progressive en volume ou en intensité selon les objectifs pour éviter le surentraînement. L'inertie des systèmes varie selon les sujets, le niveau sachant que la marge de progression est moindre chez les experts ou selon l'histologie des structures nerveuses ou musculaires par exemple. Ainsi, chez les débutants, les transformations initiales pour un exercice de musculation sont nerveuses puis musculaires (Moritani & de Vries, 1979).

La non-uniformité des gains

Les transformations ne progressent pas de façon linéaire. Les améliorations sont souvent très rapides au départ, puis ralentissement et plafonnement. Les aspects psychologiques apparaissent essentiels pour permettent aux sportifs de haut-niveau de « franchir un cap ».

L'équilibre

Un équilibre doit s'établir entre les muscles posturaux et moteurs, entre les muscles agonistes et antagonistes. Tout mouvement génère des perturbations avec les muscles posturaux qui stabilisent les segments et maintiennent l'équilibre en résistant aux forces inertielles et gravitationnelles. Les exercices de gainage permettent de renforcer ces muscles stabilisateurs. Ils doivent être développés proportionnellement aux muscles effecteurs. Ils préviennent des traumatismes générés par la répétition et les exercices de haute intensité. Les ajustements posturaux anticipateurs jouent aussi un rôle essentiel dans l'optimisation du mouvement (Testa & Debû, 1999). Les muscles agonistes et antagonistes se synchronisent pour stabiliser les articulations et contrôler le mouvement, en se relâchant ou en se contractant et caractérisent en partie les coordinations intermusculaires.

Interaction – opposition

Les effets des différentes qualités dans le mouvement peuvent en partie se confondre ou s'opposer (comme le conflit entre la vitesse et la précision). C'est le rôle de l'entraînement que de potentialiser chacun des secteurs. Ainsi, il n'existe aucune opposition entre le développement de la force et le maintien des qualités de souplesse pour autant cette dernière qualité soit entretenue (Harre, 1976). Il n'y a pas d'aptitudes isolées, il faut les considérer comme autant d'éléments interactifs de l'ensemble des composantes déterminant la performance.

L'interférence

La réalisation d'un exercice ou d'une qualité physique peut interférer sur le développement d'une autre. Par exemple, dans le cadre d'une potentialisation globale, il faut noter qu'un travail d'endurance ne doit pas suivre un entraînement de force, car celui-ci inhibe les effets du renforcement (Thomson et al., 2008). L'entraineur doit donc bien réfléchir aux contenus et aménager les séances en rapport.

La périodisation

Des comparaisons entre les modèles d'entraînement périodisés avec des modèles non-périodisés indiquent que l'entraînement périodisé est plus favorable (Fleck, 1999) L'entraînement musculaire s'accompagne donc toujours d'une chronologie d'action permettant d'objectiver les progrès en fonction de qualités (hypertrophie, force, vitesse, etc.). Il établit des séquences selon un ordre logique de priorités : c'est la périodisation. Cela permet de mieux contrôler les transformations, les interférences et les objectifs à atteindre. Le but est d'atteindre un pic de forme au moment de la compétition. La saison d'entraînement s'appelle parfois macrocycle et les cycles se nomment aussi mésocycle. De façon théorique, il existe plusieurs types de périodisation : linéaire, alternée, ondulatoire, du plus simple au plus compliqué.

Évolution des contrôles, évolution des patterns

Les modalités de contrôle varient au cours de l'apprentissage. Cela concerne la coordination posturo-cinétique avec les ajustements posturaux anticipateurs qui déterminent la réalisation du mouvement (Testa & al., 1999), mais aussi l'organisation segmentaire avec la dissociation des ceintures pouvant par exemple caractériser un niveau d'habileté pour les lanceurs (Keller & al, 2011). Le contrôle des degrés de liberté évolue donc en fonction du niveau d'expertise (Testa & al. 2003). Ces indices de contrôle sont autant de renseignements pour l'entraîneur du niveau de stratégie des sujets. De même, la commande motrice (patterns moteurs que l'on peut objectiver par électromyographie) varie en fonction du niveau des sujets mais aussi de l'intensité de l'exercice (Figure n° 6, Testa & al., 1994). Il est alors important de connaître les muscles actifs pour distinguer des exercices spécifiques aux conditions spécifiques et variables de compétition.

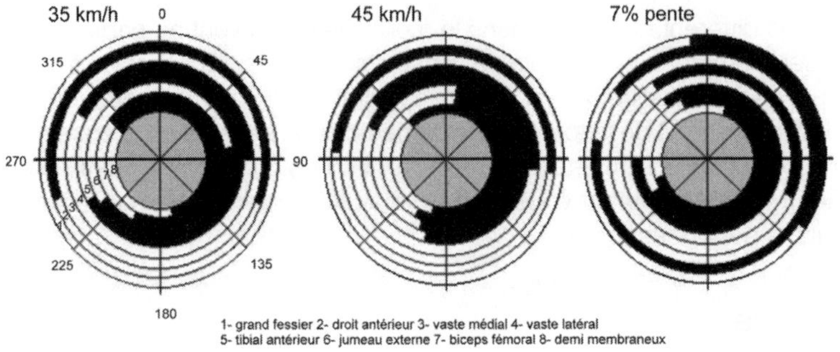

Figure n° 6. Phases d'activités musculaires lors du pédalage dans différentes conditions de courses

Ainsi, pour les muscles de la loge postérieure de la jambe lors d'une contraction concentrique, le soléaire est principalement actif. Pour une contraction excentrique, les gastrocnémiens (jumeaux) sont principalement sollicités. Par ailleurs, selon la vitesse de mouvement, la chronologie d'action du soléaire et des jumeaux change. Pour des vitesses lentes, le soléaire est mobilisé en premier. Pour des vitesses élevées les deux muscles sont sollicités de façon synchrone.

Sentiment d'efficacité et confiance

Bandura (1986) a montré que les sujets ne doivent pas seulement connaitre les actions nécessaires à la réalisation d'une tâche mais doivent aussi être confiants dans sa mise en œuvre : c'est le sentiment « d'auto-efficacité ». Elle favorise la probabilité d'atteinte à un résultat. Cependant la réussite ne dépend pas seulement de ce sentiment « d'auto-efficacité », mais de différentes sources d'informations (Eccles & al., 1983, 1989). Pour approfondir ce sujet, vous pouvez vous reporter sur l'ouvrage intitulé *L'enseignement de l'Éducation physique et sportive à l'École* (Alanbagi et al., 2016).

Tests

Tout athlète se caractérise par des potentialités qu'il est nécessaire d'évaluer au regard de modèles théoriques de référence. Ces modèles sont pour une grande part objectivés mais aussi faits de représentations subjectives de l'entraîneur. Des batteries de tests permettent d'estimer les points forts et les points faibles du sujet. Les résultats vont déterminer significativement les objectifs et les charges d'entraînement. Des pré-tests (évaluation diagnostique) sont effectués en début de saison ou en début de cycle. Des post-tests effectués en fin de cycle déterminent les progrès réalisés par les sujets. C'est en fait un test de performance. Pour caractériser les effets de l'apprentissage, un test de rétention est parfois préférable (notamment pour les habiletés motrices, mais n'a que peu de sens pour une force maximale). Celui-ci s'effectue après un délai et mesure la « résistance » des acquisitions.

Hygiène alimentaire et de vie

Après un exercice musculaire intense, il faut se réhydrater pour éliminer les déchets et compenser les pertes en minéraux en buvant de l'eau gazeuse riche en bicarbonates. Il faut aussi reconstituer les réserves glucidiques par de l'eau, les sodas sont proscrits ! Une bonne récupération permet d'éviter les crampes, les courbatures et les blessures (ce sont les DOMS : delayed onset muscle soreness). Un travail de moindre intensité permet, tout en abordant les caractéristiques techniques, de récupérer plus rapidement (clairance). Une récupération de la force musculaire plus rapide apparaît après un exercice sur ergocycle à 30 % du VO_2max (McEniery & al., 1997). Notons que l'électrostimulation en très basses fréquences (0-10hz) permet une meilleure récupération grâce à son effet antalgique. L'activité physique a une influence sur le sommeil lent profond. Cet effet est actif à partir de 60 % du VO_2max. L'activité physique prolonge le temps de sommeil et en modifie sa qualité. Le sportif s'endort plus vite, le sommeil lent profond est plus long et le sommeil paradoxal, plus court. Le sommeil lent profond favorise l'action des hormones de croissance qui permet la restructuration des tissus musculaires (par exemple la desmine reliant les sarcomères). Le sommeil lent profond favorise aussi le relâchement musculaire et donc la relaxation de ces muscles.

QUESTIONS

1. Donnez une définition de l'entraînement.
2. Quels sont les domaines d'intervention de l'entraîneur ?
3. Pour quelles raisons pouvons-nous caractériser le rôle d'entraineur comme complexe ?
4. Citez deux auteurs de référence qui ont défini la périodisation de l'entraînement ?
5. Qu'est-ce que la prophylaxie ?
6. À quoi correspondent les notions de préparation physique dissociée, associée et intégrée ?
7. Pour quelles raisons le processus d'entraînement doit-il être rationalisé ?
8. Caractérisez les intérêts et limites des charges libres, des charges guidées.
9. Qu'est-ce que le principe de surcompensation ?
10. Qu'est-ce que le principe de réversibilité ? Quel est l'intérêt d'un apprentissage distribué ?
11. Qu'est-ce que la coordination posturo-cinétique ? Quelles incidences pouvez-vous caractériser pour l'entraînement ?
12. Qu'est-ce que le principe d'interférence ? Citez un exemple.
13. Quel est l'intérêt d'un test de rétention ?

CHAPITRE 2

MÉTHODES ET EFFETS DE L'ENTRAÎNEMENT

Marc Testa

Nous ferons ici un rappel sommaire du muscle et de ses composants car l'entraînement pourra avoir une influence directe sur l'action mais aussi sur la structuration de ces différents éléments. Ces effets induiront des variations sur les caractéristiques de force, de vitesse et de puissance développée par le muscle.

Le muscle peut être constitué de plusieurs corps musculaires comme le biceps brachial par exemple (« bi » signifiant deux corps musculaires). Le faisceau musculaire est un ensemble de fibres musculaires entouré de tissus conjonctifs. La fibre musculaire ou myocyte est, grâce à la plaque motrice, en contact avec une fibre nerveuse (motoneurone) qui commande son activité. La fibre musculaire se caractérise par deux propriétés en étant excitable et contractile. Les myofibrilles sont composées de filaments épais de myosine et de filaments fins d'actine dont l'organisation présente une striation transversale de zones claires (strie H = hell, clair en allemand) et de zones sombres (zone A = anisotrope). C'est la raison pour laquelle on parle de muscle strié squelettique. La strie Z (z = zusammen, ensemble en allemand) sépare deux sarcomères. Le sarcomère est l'unité fonctionnelle contractile.

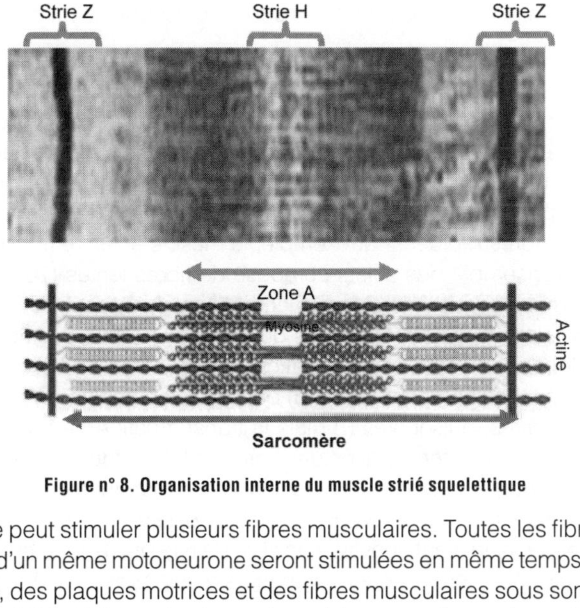

Figure n° 8. Organisation interne du muscle strié squelettique

Un motoneurone peut stimuler plusieurs fibres musculaires. Toutes les fibres musculaires sous le contrôle d'un même motoneurone seront stimulées en même temps. L'ensemble de ce motoneurone, des plaques motrices et des fibres musculaires sous son contrôle forme une unité motrice (UM). L'UM est la plus petite unité contractile que le système peut mettre en jeu. Toutes les fibres musculaires d'une même UM possèdent les mêmes propriétés :

- physiologiques
- histologiques
- biochimiques
- enzymologiques

Les UM avec un seuil d'activation bas (moins nombreuses) sont caractéristiques des fibres lentes. Les UM avec un seuil d'activation plus élevé (plus nombreuses) sont caractéristiques des fibres rapides.

Les fibres musculaires sont classées selon leurs caractéristiques physiologiques. Les fibres lentes (ou ST : slow twich ou type I : dites rouges) dégradent les glucides et les lipides grâce à l'oxygène sanguin. Ce sont les fibres de l'endurance. Les fibres lentes sont de petits diamètres avec un seuil de recrutement relativement bas. Les fibres blanches (ou FT : fast twich type 2) puisent leur énergie au niveau musculaire. Leur durée de contraction est plus courte mais de plus haute intensité (n'intervenant qu'en complément au type I). Les fibres de type IIa (ou Fta) dites variables, se spécialisent en fonction de l'entraînement en force ou en endurance. Elles commencent à être active à 35 % de la force maximale. Ce sont les fibres à contrations intermédiaires (fibres rapides résistantes). Les fibres IIb (fibres rapides fatigables) exclusivement blanches, sont actives à 60 % de la force maximale. Ce sont les fibres à contrations rapides, de gros diamètres dont le seuil de recrutement est élevé. Les fibres lentes (I) développent une tension maximale en 110 ms ; les fibres rapides (II) en 50 ms.

Fibres	métabol.	diamètre nb fibres par motoneurone	fatigabilité	Substrat gluc.	Substrat lipid.
1 - lente	aérobie	petit - 10 à 180	longue	+++	+++
2a -rapide	aérobie anaérobie	moyen - 200 à 600	moyenne	+++	+
2b - rapide	aérobie	grand - 300 à 800	courte	++++	-

Figure n° 9. Caractéristiques musculaires

La proportion de fibres lentes et rapides varie pour un même groupe musculaire selon les sujets et varie pour un même sujet selon les muscles. Une étude de la typologie musculaire signifie que les muscles sont composés en moyenne d'environ 50 % de fibres de type I, 25 % de fibres IIa et 25 % de fibres IIb. Cependant, la typologie est fortement déterminée par les fonctions musculaires. Les muscles impliqués dans le maintien de la posture auront un taux supérieur en fibres lentes, ceux qui seront impliqués dans la motricité un taux supérieur en fibres rapides. Par exemple, le muscle soléaire (muscle profond de la jambe) est pour l'ensemble des sujets composé de fibres lentes (70 %), les gastrocnémiens (jumeaux muscles superficiels de la jambe) sont composés de fibres lentes (50 %) et rapides (50 %). Une transformation plus ou moins réversible des fibres est notée par Enoka (1988). Cependant, cette transformation selon Howald (1974) n'est pas homogène dans les deux sens. Les fibres rapides (IIb) pourraient se transformer par l'entraînement en fibres intermédiaires, puis lentes (I) mais la transformation de fibres lentes en fibres rapides serait difficile. La différenciation des fibres se fait surtout au niveau de la myosine. Il apparait finalement que la typologie musculaire des marathoniens et des sprinters est différente. Des marathoniens de niveau international possèdent jusqu'à 80-90 % de fibres à myosine de type I, le reste étant constitué de fibre de type IIa (Andersen & al. 2000). Flûck et Hoppeler (2003) résument les phénomènes de réversibilité des fibres dans un article.

Cependant, la distinction entre les fibres lentes et les fibres rapides ne permet pas d'expliquer toutes les transformations dues à l'entraînement ainsi que les différences interindividuelles. Des recherches sur l'architecture musculaire ont montré que l'arrangement des fibres musculaires varie et détermine la force développée. Ainsi, au niveau du triceps sural (mollet), plus l'angle de pennation (inclinaison des fibres musculaire par rapport à la lame tendineuse) est faible, plus la force exercée est importante. L'angle de pennation s'oriente selon les conditions de charges d'entraînement pour produire le maximum de vitesse à charges légères ou le maximum de force à charges élevées (Azizi & al., 2008). Des études récentes (Abe & al. 2000, Kumagai & al. 2000) ont montré que ces paramètres varient entre les athlètes. Abe et coll. (2000) démontrent une différence entre les sprinters et les coureurs de longues distances (fibres plus longues et angle de pennation inférieur pour les coureurs de vitesse). Kumagai et al. (2000) montrent des différences significatives entre les sprinters de niveau international (à 10 secondes au 100 m) qui ont des fibres plus longues et un angle de pennation plus faible que les sprinters de niveau national (à 11 secondes). La longueur des fibres déterminent le nombre de sarcomères séries qui sont favorables à la vitesse.

La force développée en tension maximale par des fibres lentes ou rapides diffère peu (Close, 1967). C'est l'organisation nerveuse de l'unité motrice qui génère un niveau de force différent. Les fibres lentes sont innervées par un motoneurone avec un petit corps cellulaire. Il innerve un groupe de 10 à 180 fibres. Une unité motrice de type rapide possède un corps cellulaire plus gros et innerve de 300 à 800 fibres musculaires. Un gros motoneurone sollicite un plus grand nombre de fibres et développe plus de force qu'un petit motoneurone. La capacité à développer un effort supramaximal est donc en partie déterminée par la proportion de fibres rapides (plus particulièrement de type II). Pour un exercice explosif, le taux de fibres rapides est déterminant mais pas suffisant. Un autre facteur est essentiel. C'est le couplage entre la contraction et le relâchement. La coordination du geste technique joue donc aussi un rôle important dans l'explosivité et donc la préparation spécifique portera son attention sur cet élément.

Les qualités physiques

De nombreux ouvrages se sont attachés à définir les dimensions spécifiques de la motricité ou capacités physiques de base. Quelles que soient les différentes taxonomies essayant de déterminer ces capacités, comme le VARF (Vitesse, Adresse, Résistance et Force de Belin du Coteau, 1930), Fleishman (1964) ou Zatsiorsky (1966), la force, la vitesse et l'endurance sont caractéristiques des composantes athlétiques toujours citées comme des facteurs essentiels du mouvement. Il faut souligner une évolution des qualificatifs de la capacité à la qualité ou à l'habileté. Nous préférons aujourd'hui la notion plus diffuse d'aptitude (Thomas, Eclache & Keller, 1989) voire de ressources (Boulday, Cottinet & Tanguy, 2002). Ces différentes terminologies sont nuancées sur le plan didactique mais utilisées indifféremment dans le secteur de l'entraînement. Weinock (1983) notait déjà que les qualités physiques « pures » n'existaient pas car elles s'expriment plutôt par et à travers les habiletés motrices où les compétences développées sont plus élargies. Dans le cadre de la préparation physique, la force par exemple n'est donc pas une aptitude isolée, il faut la considérer comme un élément interactif de l'ensemble des composantes déterminant la performance.

Pour Guthrie (1952), l'habileté motrice est « la capacité acquise par apprentissage d'atteindre des résultats fixés à l'avance avec un maximum de réussite et souvent un minimum de temps, d'énergie ou les deux à la fois ». C'est finalement la capacité d'effectuer une tâche avec une grande efficacité et c'est cela qui caractérise la performance sportive. Les habiletés se classent de façon théorique selon l'organisation, la finalité et le milieu. Dans la classification selon le milieu, les activités sportives présentent un degré de stabilité et de prévisibilité à l'environnement (Schmidt, 1993). Nous pouvons citer les sports à dominante technico-tactique permettant l'expression d'habiletés motrices dites ouvertes et les sports à dominante énergétique où s'expriment principalement les habiletés motrices dites fermées. Une habileté fermée est une habileté pour laquelle l'environnement est stable et prévisible comme le 100 m plat ou le tir sur une cible fixe. Inversement, l'habileté ouverte se caractérise par l'incertitude et la variabilité des situations comme l'organisation d'une contre-attaque en sport collectif. Bien sûr, ce modèle est une représentation où les habiletés ont des degrés de variabilité contextuelle. Il apparait donc que pour les activités fermées les aspects techniques de la pratique prédominent alors que pour les habiletés ouvertes la tactique joue un rôle essentiel. La tactique traduit l'utilisation d'une stratégie d'action (solutions appropriées) face à une situation référencée. Elle se base par une capacité de gestion et particulièrement une analyse pertinente en temps réel.

La force

Quel que soit le mouvement, les muscles doivent développer une force interne pour vaincre les forces gravitaires ou d'inerties. La force conditionne le mouvement. C'est pourquoi, la force est une qualité fondamentale autours de laquelle la préparation physique s'articule. La force est la « faculté de vaincre une résistance grâce à la contraction musculaire » (Pradet, 2001). Elle se caractérise par une quantité de mouvements, une puissance ou un travail qui sont autant de données mécaniques quantifiables pour objectiver les progrès ou l'impact généré par un entraînement, un mouvement sur l'organisme (Testa & al., 1994 ; Testa & al., 2003 ; Golomer & al., 2005 ; Desgorces & al., 2008).

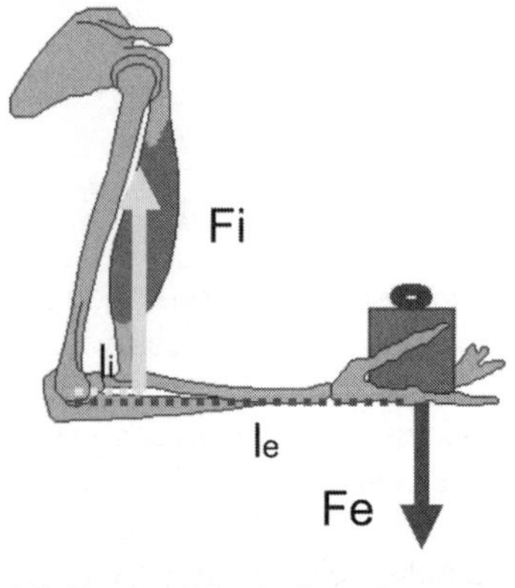

Figure n° 10. Représentation des forces internes et externes

La force est le produit complexe d'une transformation d'énergie. À partir d'une dépolarisation électrique nerveuse (information), le muscle transforme une énergie chimique (ATP), en énergie mécanique (glissement des filaments d'actine-myosine). Le rendement musculaire, que représente le rapport de l'énergie consommé (ATP) sur l'énergie mécanique restituée, est plutôt faible, soit de l'ordre de 25 %. Le reste de l'énergie se dissipe sous forme de chaleur. C'est pourquoi l'exercice physique génère une hausse de la température corporelle. La transpiration permet de réguler cette hausse mais provoque une déshydratation. Il est donc important de boire lors d'efforts prolongés surtout quand la température ambiante est élevée.

La force musculaire dépend de différents facteurs :

- structuraux internes : ce sont les caractéristiques myologiques (composition en fibres lentes et rapides, section transversale du muscle, nombre d'UM et de myofibrilles, capacité énergétiques des cellules musculaires)
- Biomécaniques : longueur des leviers, angle et articulation.
- Neuro-musculaires avec les coordinations :

- intramusculaires : recrutement temporel et spatial des unités motrices (UM) : coordination intramusculaire, synchronisation des UM.
- intermusculaire : action des muscles agonistes et antagonistes

Les forces internes (Fi) développées au niveau musculaire répondent aux forces externes (Fe) gravitationnelles ou inertielles. Il faut cependant noter que la mécanique du mouvement ne peut se comprendre qu'en termes de couple de force c'est-à-dire l'action d'une force par son bras de levier comme cela s'effectue lors du maintien ou du déplacement d'une charge. Le couple externe (Ce) est égale au produit de la force externe (Fe) par la longueur du bras de levier (le) : Ce = Fe*le. L'action du couple externe exige l'action d'un couple interne (Ci = Fi*li) pour maintenir le bras (Ce = Ci, contraction isométrique). Si *Ce* est supérieur à *Ci*, la contraction est concentrique (l'avant-bras « remonte », soit une fermeture de l'angle), sinon la contraction sera excentrique (Ce < Ci, soit une ouverture de l'angle).

Il apparaît donc que si la longueur du bras de levier ne peut varier, seule la répétition de l'action de Fi en fonction de l'angle et de la vitesse de réalisation provoque les transformations neuromusculaires et permet de soulever plus lourd, plus vite ou plus longtemps. C'est sur ces facteurs, vitesse, amplitude, répétition, intensité, récupération que l'entraînement pourra agir pour générer des variations au niveau interne.

Hill (1938) a caractérisé le premier modèle permettant par sa simplicité de comprendre les rôles distinctifs des composantes élastiques et contractiles. Des modèles plus complexes systématisent au mieux l'ensemble des structures mobilisées durant la contraction (figure n° 11 : Huijing, 1994).

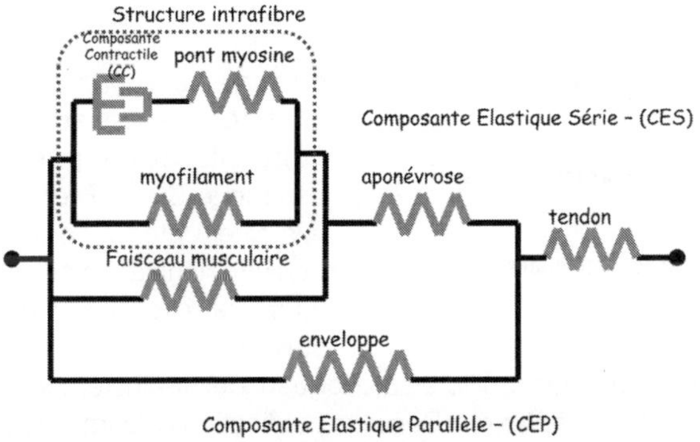

Figure n° 11. Le muscle comme modèle équivalent

Le muscle est composé d'une structure contractile permettant aux filaments d'actine et de myosine de glisser les uns par rapport aux autres : c'est l'élément moteur. Le tissu conjonctif étant plus ou moins élastique chacun des éléments interne s'étire plus ou moins selon sa structure et selon son positionnement. Ainsi, une composante élastique série (acto-myosine et tendon) « raide » se laisse étirer peu facilement alors qu'une composante élastique parallèle (tissus conjonctifs des muscles) est plus « compliante » (C= 1 / k (N.m^{-1}), k étant le coefficient de raideur, la compliance est l'inverse de la raideur musculaire).

Ainsi, les structures élastiques peuvent emmagasiner et restituer l'énergie gravitationnelle et cinétique comme un ressort ou les dissiper comme un amortisseur (thermo-dispersion). Ces caractéristiques élastiques sont essentielles dans les exercices explosifs ou les exercices cycliques pliométriques comme la course à pied. L'entraînement peut modifier la raideur de ce ressort en favorisant l'impulsion (délivrer la quantité de mouvement maximale) ou en optimisant la quantité de mouvement (économiser la quantité de mouvement pour un même travail). Ainsi, la vitesse maximale atteinte lors d'un sprint (Chelly & Denis, 2001) est corrélée à cette raideur musculaire.

Les types de contractions musculaires

La contraction musculaire peut être isométrique. Elle ne provoque pas de déplacement des leviers osseux car les segments demeurent statiques. Les insertions musculaires restent à la même (iso) distance (métrique). Lorsque les insertions musculaires se rapprochent lors de la contraction les segments se déplacent (dynamique ou anisométrique). La contraction est concentrique. Lorsque les insertions musculaires s'éloignent lors de la contraction les segments se déplacent, c'est la contraction est excentrique.

Les contractions mixtes combinent les différentes formes de contractions. Quand un étirement du muscle en régime excentrique est suivi d'une contraction concentrique sans arrêt intermédiaire, la contraction est de type pliométrique. C'est le régime de contraction le plus courant de la motricité car elle optimise le rendement musculaire grâce notamment à la restitution de l'énergie élastique. La forme de contraction stato-dynamique combine une contraction isométrique suivie d'une contraction généralement concentrique. Les formes de contractions assistées nécessitent des appareils développés par l'ingénierie comme le Cybex® et le Biodex® pour un exercice à vitesse constante (isocinétique). L'électrostimulation active la dépolarisation musculaire grâce à des électrodes de surface. Les systèmes par vibrations (25-50 Hz) génèrent des déséquilibres provoquant des réajustements musculaires pour maintenir l'équilibre (power-plate®). Dans les publications à caractère plutôt scientifique, nous retrouvons les contractions isotoniques, c'est-à-dire à force constante et les contractions auxotoniques où la contraction s'effectue à charge et longueur variable.

Isométrique	**Statique**
Concentrique **Excentrique**	**Anisométrique** **(dynamique)**
Pliométrique **Stato-dynamique**	**Formes combinées** **(mixte)**
Isocinétique **par électrostimulation** **par vibration**	**Formes assistés**

Figure n° 12. Les différents types de contractions musculaires

Chaque type de contraction présente des avantages. La plus « polyvalente » étant le régime de contraction concentrique. Il est donc opportun, en fonction d'un objectif précis, de solliciter le type de contraction le plus adapté. Il parait aussi intéressant de potentialiser les effets en combinant les types de contractions. Il est néanmoins nécessaire de connaître pour un exercice les intérêts et les limites de chaque type de contraction mis en jeu (Figure n° 13).

	Avantages	Inconvénients
Isométrique	+ Tensions sup. au régime concentrique + Travail postural : gainage + Mise en œuvre facile (matériel ou pas) + Travail isolé pratique pour la post et pré-fatigue + Peu d' augmentation de la masse	+ Fatigue retardée + Gain en fonction de l' angle de travail + Diminution de la vitesse de contraction + Défavorable à la coordination + Doit être associée à d' autres régimes de contractions
Concentrique	+ Charges submaximales : sécurité. + Contrôle du mouvement + Optimisation des coordinations + Travail en fonction de la charge, de la vitesse, de l' amplitude. + Amélioration de : force, puissance, vitesse et/ou endurance + Récupération rapide	+ Charges submaximales. + Combinaison des régimes pour une optimisation de l' activation nerveuse.
Excentrique	+ Tension supérieure à l'isométrie + Efficace si combinée au concentrique + Sollicitation des fibres lentes et rapides + Peu d'augmentation de la masse	+ Récupération longue, mal contrôlée + Douleurs musculaires + Sécurité : charges élevées + Défavorable à la coordination + Doit être associé à du concentrique
Pliométrique	+ Tension supérieure au concentrique + Action sur les facteurs nerveux + Sollicitation de l'élasticité + Coordinations musculaires + Peu d'augmentation de la masse	+ Tension tendino-musculaire importante (lésion) + A utiliser avec précaution chez les jeunes + Difficile à contrôler

Figure n° 13. Caractéristiques générées par les différents types de contractions musculaires

La charge de travail

Comme principes cités précédemment, les exercices musculaires doivent être progressifs et continus. L'entraîneur pourra agir sur quatre variables en fonction des objectifs : la quantité de travail, l'intensité de la charge, la vitesse de réalisation et la durée de récupération. Pour un exercice donné, la connaissance de la force maximale est fondamentale. La force maximale volontaire (FMV) se définit comme 1RM (une répétition maximale : charge maximale que l'on soulève une fois) en méthodologie de l'entraînement (Delorme, 1948). La 1RM permet de définir des intensités de travail selon des seuils de référence. Par exemple, pour améliorer la force maximale le sujet devra s'exercer à un niveau au-delà du seuil de 70-75 % de 1RM car c'est la valeur de transition pour faire progresser la force maximale. Pour un travail en endurance, l'intensité sera moins élevée (autour de 50 % de 1RM). L'explosivité s'effectue à de faibles intensités comme cela est défini par la courbe force-vitesse (figure n° 19). Les méthodes efficaces d'entraînement se réfèrent toujours au niveau de travail, en termes de pourcentage de force maximale, pour optimiser et définir le nombre de répétitions à réaliser dans la série.

Le volume ou quantité de travail se détermine par le produit du nombre de répétitions et du nombre de séries à effectuer. Un travail sur le volume permet d'améliorer les qualités d'endurance. Enfin, tout exercice produit un état de fatigue locale mais aussi diffus. L'entraîneur pourra ainsi privilégier une récupération complète. Par exemple, cela est plutôt favorable lorsque l'athlète fait du travail qualitatif. À l'inverse, il pourra choisir une récupération partielle si le travail s'oriente sur les seuils. La récupération peut durer de trente secondes lors d'un effort explosif, à plus de dix minutes lors d'un travail de force maximale.

Pour une charge donnée, le nombre maximal de répétitions permet d'estimer la force maximale théorique du sportif (Berger, 1961 ; Desgorces & al. 2010, figure n° 14). Cette estimation à partir d'une charge submaximale est particulièrement intéressante pour des sujets non experts ne pouvant travailler à force maximale sans une maîtrise totale de la charge.

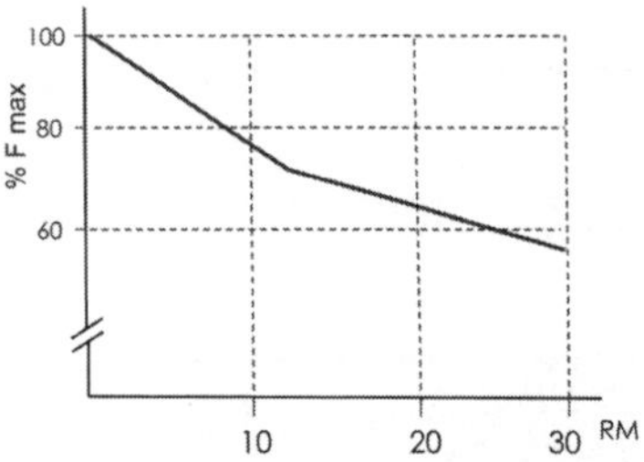

Tableau adapté de Berger

Répét.	%1RM
1	100
2	97
3	95
4	92
5	90
6	87
7	85
8	83
9	81
10	78
11	76
12	73

Figure n° 14. Nombre de répétitions réalisées en fonction du pourcentage de la force maximale

(Desgorces & al. 2010)

Des formules permettent d'estimer la force maximale théorique d'un sujet :

- soit pour la formule de Brzycki : 1RM estimée = charge soulevée / [1,0278 – (0,0278*nombre de répétitions)].
- soit pour la formule de Nebraska : 1RM estimée = charge soulevée*[1 + (0,033 3*nombre de répétitions)].

L'écart d'estimation entre les deux formules est faible.

La perception de l'effort (RPE) permet aussi de caractériser l'intensité ou le volume de travail effectué (Testa & al., 2012). La perception est plus précise et plus sensible pour les sujets experts et pour des hautes intensités.

Zatsiorsky (1966) a posé les bases de la musculation en caractérisant l'atteinte des objectifs par des méthodes différenciées : la méthode des efforts répétés, maximaux ou dynamiques.

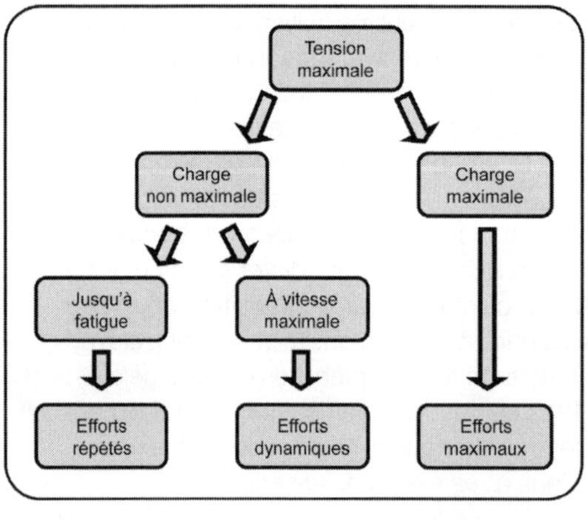

Figure n° 15. Méthodes de développement de la force musculaire

(Zatziorsky, 1966)

La méthode des efforts répétés concerne les exercices d'endurance (intensité : 50 à 75 % de 1RM) où le travail se centre sur une augmentation du volume. À mesure d'une fatigue croissante et pour maintenir le niveau de force exigé, toutes les unités motrices (rapides et fatigables) vont être sollicitées. Les facteurs d'adaptation sont essentiellement physiologiques. Les efforts maximaux (75 à 100 % de 1RM) provoquent un recrutement de l'ensemble des unités motrices. Les facteurs d'adaptation sont alors avant tout d'ordres structuraux.

Les efforts dynamiques (30 à 50 % de 1RM) abaissent le seuil de recrutement des unités motrices (mais selon une chronologie, voir la méthode du contraste de charge). Les facteurs d'adaptation sont alors principalement d'ordre nerveux.

Comme pour le nombre de répétitions en fonction de la charge, le volume d'entraînement est inversement proportionnel à l'intensité des exercices. À niveau constant, si l'intensité du travail augmente, le volume diminue. La vitesse de réalisation, à force constante, détermine la puissance de réalisation. De la même façon, si la puissance augmente le volume de travail diminue. À volume constant, si la vitesse de travail augmente alors l'intensité de la charge diminue. Matveiev (1983) a caractérisé l'évolution du volume et de l'intensité au cours de la saison. Le volume et l'intensité, couplés à la fréquence, déterminent la charge d'entraînement (figure n° 16).

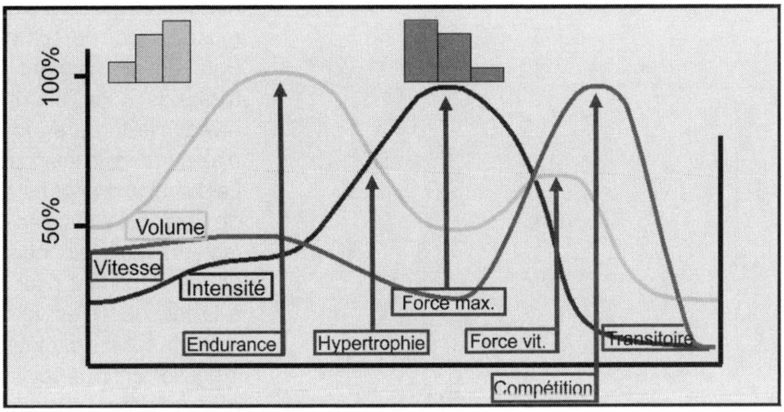

Figure n° 16. Évolution de la charge d'entraînement lors de la saison

(Adapté de Matveiev)

Les courbes force-temps, force-vitesse

Faire un entraînement de musculation revient à transformer des données qui peuvent s'objectiver par les courbes force-temps et force-vitesse. Celles-ci s'enregistrent grâce à des capteurs de force ou des accéléromètres.

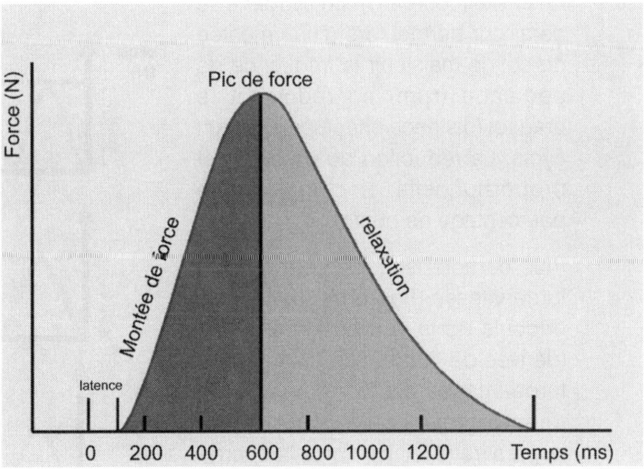

Figures n° 17. Courbe force-temps en concentrique, en isométrique

La courbe force-temps a été analysée en physiologie sur le muscle isolé. En entraînement c'est la résultante de force générée par la coordination des muscles agonistes et antagonistes. En dynamique, un temps de latence est remarquable s'il est demandé de contracter le muscle par réaction à un signal (dû en partie à la mise en tension des structures élastiques et au couplage excitation-contraction). La force croît (montée de force) jusqu'à un pic de force : c'est la force maximale. Augmenter sa force maximale revient à déplacer ce pic de force vers le haut. Le pic de force apparait entre 400 et 600 ms selon les caractéristiques musculaires. La montée de force est significative de la puissance développée par le sujet. Améliorer les qualités de puissance augmente la pente de courbe. Enfin, la quantité de mouvement (surface sous la courbe, soit l'intégrale) est significative de l'explosivité. La phase de relaxation traduit le relâchement musculaire. Sa durée est 3 à 4 fois supérieure à la montée de force en fonction des caractéristiques élastiques musculaires : la compliance. Pour un mouvement isométrique le sujet maintien un niveau de force en forme de plateau : c'est le tétanos parfait. La durée du tétanos est fonction de l'intensité à maintenir. Ici les facteurs motivationnels jouent un rôle important pour résister à la fatigue : c'est le tétanos imparfait car le plateau est irrégulier. Enfin, le sujet ne peut plus résister et relâche la contraction. Un travail en force maximale isométrique revient à maintenir un seuil plus haut et en endurance, à maintenir ce plateau plus longtemps.

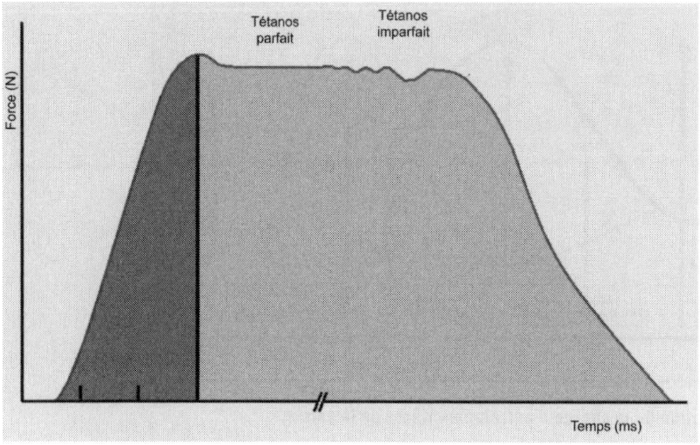

Figures n° 17 bis. Courbe force-temps en concentrique, en isométrique

Pour les exercices dynamiques (cycliques) en endurance, la contraction se caractérise par une intensité (amplitude) et une fréquence (en Hz) caractéristique d'un niveau de performance (courbe A). Pour répondre à la fatigue, le sujet peut maintenir l'intensité (l'amplitude demeure) mais il doit alors réduire la fréquence (courbe B). Généralement, ce n'est pas la solution choisie car la saturation au niveau musculaire apparaît très rapidement. Le sujet peut aussi maintenir la fréquence, il réduit alors l'intensité (courbe C). En cyclisme, le dérailleur permet lors d'une montée de col de maintenir la fréquence de pédalage (rpm) en réduisant le braquet (distance effectuée lors d'un cycle. La réduction du braquet est proportionnelle et compense le pourcentage de pente).

Plus caractéristique est la courbe force-vitesse (figure n° 19) car elle découle de la courbe force-temps (dérivée de la première). La courbe force-vitesse est curvilinéaire. En toute logique, cette courbe fait apparaître le fait que plus la charge est lourde en concentrique plus le déplacement segmentaire est lent (inversement proportionnelle) alors qu'elle est proportionnelle en excentrique ! Cette courbe met en évidence

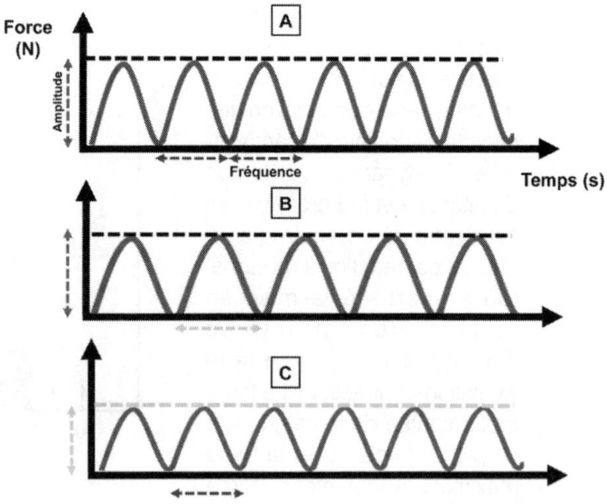

Figure n° 18. Effet de la fatigue sur un exercice cyclique

le fait que la force excentrique est supramaximale, c'est-à-dire supérieure à la force concentrique maximale, de même pour la force maximale isométrique. Cette caractéristique est importante dans la programmation d'un entraînement de force car cela permet de générer des tensions plus grandes. Les entraînements en puissance et en vitesse déplacent la courbe sur la droite, l'amélioration de la force maximale vers le haut.

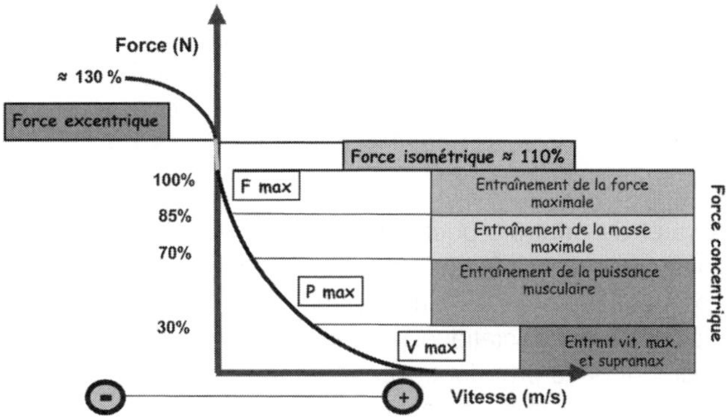

Figure n° 19. Courbe force-vitesse

La préparation physique générale : question de sa pertinence ?

La préparation physique généralisée est constituée d'exercices dits fondamentaux permettant de solliciter les groupes musculaires principaux *a priori* sans rapport direct avec la discipline et les « patterns » moteurs caractéristiques de la spécialité sportive. Elle permet d'établir un équilibre général entre les muscles agonistes et antagonistes, entre les muscles moteurs et posturaux, ainsi qu'un équilibre entre le positionnement des ceintures et les déplacements segmentaires. Quelle que soit la discipline concernée, cette phase permet en premier lieu de limiter les facteurs traumatiques liés, pour les sportifs « avancés », à la technicité du geste et à des intensités et des volumes de travail croissants et pour les débutants, à un manque de technicité et de tonicité pour résister aux contraintes. Certains entraîneurs remettent en cause l'intérêt de cette phase, affirmant que seul le travail spécifique est pertinent (Aubert, 2005). Ce principe vient sans doute en réaction à une préparation physique généralisé décontextualisée. Mais une musculation très ou trop spécifique génère en contrepartie des déséquilibres musculaires et favorise les lésions internes par une surcharge excessive. Il faut donc relativiser les propos et comprendre que la tendance de la préparation est généralisée en appréhendant la musculation par une approche plus équilibrée.

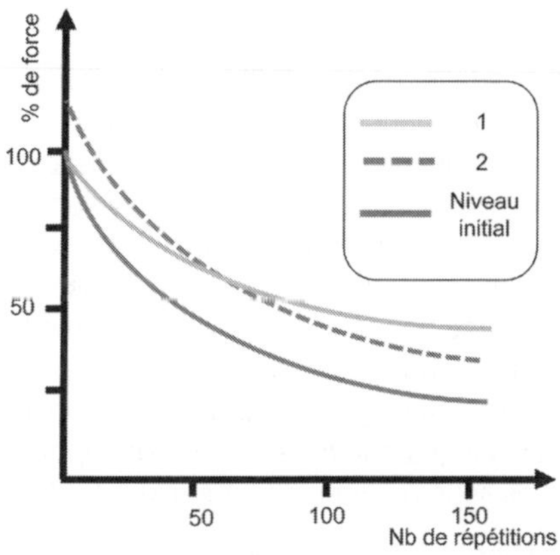

Figure n° 20. Évolution de l'endurance en PPG

La préparation physique généralisée est donc plus succincte pour les sportifs experts, dont le travail est essentiellement orienté vers la spécialité. À ce propos, Egger parle de travail multiforme orienté). Nous avons déjà mentionné que nous devions concevoir une potentialisation plus globale de la préparation généralisée en sollicitant aussi durant cette phase la force, la vitesse et la puissance. Ainsi, si les entraînements traditionnels de préparation physique généralisée génèrent une amélioration centrée uniquement sur l'endurance et les faibles intensités (Figure n° 20 : courbe 1), un travail multiforme autorise une évolution sur tous les secteurs (courbe 2) avec une prévenance pour l'endurance.

Une augmentation de l'intensité des exercices permet en corollaire une préparation du développement des autres composantes comme la force et la puissance. À une moindre fatigue musculaire, l'entraînement se polarise plus sur l'ensemble des qualités. Cependant, dans le cadre d'une potentialisation globale, il faut noter qu'un travail d'endurance ne doit pas suivre un entraînement de force, car celui-ci inhibe les effets du renforcement (Thomson & al., 2008).

À ce niveau, les exercices de gainage et de contrôle posturaux sont fondamentaux pour les novices et permanents pour les sportifs. En effet, si cela est considéré pour le débutant comme un renforcement à part entière, pour les plus experts c'est une forme idéale d'échauffement. L'alignement des ceintures en statique, puis en dynamique ou en équilibre instable, permet le développement de la proprioception. À chaque niveau, la tâche se complexifie. Les exercices se font chronologiquement en situation neutre avec une perturbation interne (exécuter un mouvement) ou avec une perturbation externe (saisir une balle en déplacement par exemple). Tous ces exercices favorisent un contrôle fin et varié du positionnement des ceintures (scapulaire et pelvienne) et des segments mobiles (membres, tête, tronc) favorisant une meilleure maîtrise du placement-déplacement lors du geste technique quelle que soit l'incertitude du contexte.

Premier objectif : développement de l'endurance

L'endurance se définit comme la capacité à résister à la fatigue, c'est-à-dire maintenir une charge, une cadence, une puissance ou une amplitude donnée sans baisse de performance. Elle permet au sujet d'endurer les charges d'entraînement (source de progrès) de mieux récupérer, de soutenir un effort tout au long de la saison. L'augmentation du volume de travail se réalise plus ou moins à charge constante provoquant au cours des séries, une fatigue cumulée. L'entraînement traditionnel en musculation augmente l'endurance musculaire absolue (nombre maximal de répétitions réalisé avec une charge pré-entraînement) mais des effets limités sont observés en termes d'endurance musculaire locale relative (endurance évaluée à une intensité relative spécifique ou à un pourcentage donné de 1 RM). L'entraînement de l'endurance musculaire locale exige de faire beaucoup de répétitions par série ou de minimiser la récupération entre les séries (Anderson & Kearney, 1982).

Le circuit-training (8 à 12 exercices) s'adapte particulièrement bien à une potentialisation globale. L'alternance des exercices sollicite de façon complémentaire l'ensemble des fibres musculaires (épuisement plus « profond ») tout en maintenant un seuil de vigilance plus élevé. Cette méthode de travail nécessite, pour être efficace, des temps de repos en rapport avec l'intensité, la durée de chaque exercice et le potentiel des sujets. Si l'effet de la répartition (charge concentrée ou étalée) varie selon le niveau du sujet, une progression n'est envisageable qu'en favorisant une concentration des charges chez l'expert mais un étalement chez le novice. De même si l'effet cumulatif varie selon la chronologie des charges (Werchoschanski, 1992), l'endurance se potentialise plus favorablement quand les exercices aérobies enchaînent les exercices anaérobies. Concrètement sur le terrain, des exercices organisés sur 40 secondes de travail et 20 secondes de repos durant lequel se fait la rotation, sont méthodologiquement bien adaptés. Quinze à dix-huit exercices sur deux ou trois rotations permettent de faire travailler un groupe classe de référence sur 30 à 40 minutes. Des blocs de trois exercices sont constitués afin de limiter les déplacements et les croisements dans la salle. Chaque bloc se compose d'un exercice mobilisant le membre supérieur, un exercice mobilisant le membre inférieur et un exercice de coordination (vitesse, précision ou explosivité) ou de gainage. La fatigue cumulée est ainsi plus diffuse. Entre chaque bloc, les exercices présentent une alternance de travail purement segmentaire et de travail plus global. Entre chaque bloc, une alternance des différents types de contraction est aussi proposée. Finalement, l'organisation du circuit est très réfléchie et relativement complexe mais très efficace quant au volume de travail et à l'intensité.

Deuxième objectif : développement de l'hypertrophie

Le système nerveux joue un rôle important dans les première phases d'adaptation (Moritani & de Vries, 1979). Si un meilleur recrutement des unités motrices (Fukunaga, 1976) peut générer une augmentation de la force sans hypertrophie musculaire, cela est remarquable chez les sujets non experts. Les fibres musculaires rapides s'hypertrophient davantage que les fibres lentes (McCall & al., 1996). Une seule séance très intense peut augmenter la synthèse protéique au niveau musculaire (Philipps, 2000). La synthèse protéique culmine environ 24 h après l'exercice et demeure élevée jusqu'à 48 h.

Provoquer une hypertrophie est pour certains athlètes (lanceurs, sprinters) un prérequis au développement de la force en plus des qualités de souplesse et de coordination indispensables. Cependant, l'hypertrophie n'est pas toujours compatible avec l'athlétisme car le rapport poids/puissance doit demeurer le plus favorable possible. De même, pour les sports à catégories de poids, l'hypertrophie peut devenir un handicap.

L'amélioration de la force s'accompagne de modifications structurales (histologiques) et nerveuses. L'hypertrophie traduit essentiellement l'épaississement des fibres de type II. Un rapport entre le volume musculaire et la force maximale développée (Figure n° 21) est avéré (Golomer & al., 2004).

L'hyperplasie est un phénomène controversé qui correspond à une multiplication des fibres musculaires. L'augmentation du nombre de fibres musculaires se ferait par section longitudinale (peut-être transversale aussi) de la fibre musculaire et/ou grâce aux cellules satellites. L'hyperplasie fait toujours l'objet de débats. (Mc Dougall, 1992). L'étude par immuno-fluorescence pourrait nous apporter des réponses.

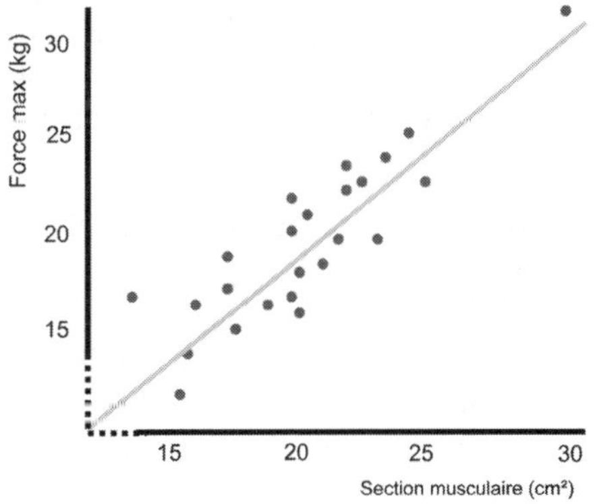

Figure n° 21. Force développée en fonction de la section musculaire

(Moss et al, 1997)

Les programmes d'hypertrophie utilisant des entraînements à séries multiples à charges modérées (70 % de la force maximale) à volume élevé provoquent une augmentation plus aiguë de la testostérone et de l'hormone de croissance que les programmes à charge élevée et à faible volume (Kraemer, 1992). Le volume de travail joue donc un rôle essentiel au niveau métabolique. Classiquement, la méthode utilisée pour hypertrophier le muscle consiste à réaliser des séries (de 6 à 10 séries au maximum) de dix répétitions à 70-75 % de la force maximale. D'autres méthodes permettent l'hypertrophie du tissu musculaire, c'est le cas d'un entraînement principalement basé sur la fatigue, avec des « super séries » (travail agoniste-antagoniste), avec des « séries forcées » (répétitions avec aide), et/ou avec des « séries brûlantes » (repos incomplet). L'hypertrophie développée par ces méthodes risque cependant de diminuer fortement les qualités de puissance explosive du sujet, or cette qualité devra être renforcée subséquemment. Enfin, les dommages musculaires internes générés par des contractions excentriques avec charges, au niveau de la titine et la nébuline (Wiemann & Klee, 2000) favorisent l'hypertrophie (Gibala et al., 2000). Le remodelage musculaire s'effectue par le taux de testostérone, de cortisol, d'hormone de croissance, d'insuline et de l'IGF-1, qui augmentent après un exercice intensif.

La préparation physique auxiliaire

La préparation auxiliaire permet de développer les qualités physiques indispensables à l'activité selon les caractéristiques individuelles mais aussi selon les choix technico-tactiques retenus par l'entraineur. Les exercices sont variés et se centrent sur les groupes musculaires sollicités par la discipline. Cependant, un gain de force ne s'accompagne pas automatiquement d'un report des qualités car sous-jacentes ; on intègre donc progressivement des exercices techniques propres à l'activité. Selon le principe de similarité du geste, de l'amplitude et de la vitesse, la qualité des transferts est plus ou moins effective. C'est la période la plus difficile de l'entraînement car les niveaux d'intensité et de répétitions sont élevés (phase intensive selon Egger). La préparation auxiliaire commence par développer la force maximale (objectif 3) puis la puissance de force (objectif 4) selon une logique d'action chronologique tenant compte de la baisse progressive de l'intensité en parallèle à une augmentation de vitesse d'exécution. Une nouvelle variable va être prise en compte : la vitesse. On comprend donc que les cycles de puissance de force et de puissance-vitesse vont transformer de façon très caractéristique la courbe force-vitesse, de moindre façon la courbe force-temps. Le cycle de force va transformer de façon très caractéristique la courbe force-temps par le pic de force, de moindre façon la courbe force-vitesse. Pour un entraînement dynamique, l'augmentation de la force musculaire est spécifique à la vitesse de déplacement segmentaire (Kaneshita & Myashita, 1983). Dans le cycle de force, la vitesse n'est pas imposée (le sujet soulève « naturellement la charge » même si une attention peut-être apportée au couplage étirement-contraction au développé couché par exemple).

Troisième objectif : développement de la force maximale

La force maximale est dépendante de plusieurs facteurs :

- de la capacité du système nerveux à recruter les unités motrices,
- de la capacité du muscle à utiliser de l'énergie de manière anaérobie,
- de la coordination intermusculaire,
- de la surface de section du muscle qui représente le volume total des fibres contenues dans un muscle.

Cette force maximale est due à l'utilisation des phosphagènes (Adénosine tri-phosphate et phosphorylcréatine). L'augmentation de force se réalise grâce au recrutement spatio-temporel des unités motrices. Jusqu'à 80 % de la force, le recrutement est spatial, au-delà, l'augmentation de force du muscle est produite par l'augmentation de la fréquence de décharge (sommation des influx). Pour Stemmler (2002), l'amélioration de la synchronisation des UM influence la montée en force mais il n'est pas exclu qu'elle puisse augmenter également la force maximale même si cela reste à démontrer. Sale (2003) a montré que l'augmentation de la fréquence des décharges des unités motrices entraine une augmentation de la force.

Tous les efforts réalisés à plus de 75 % de 1RM développent la force maximale. Le nombre de séries s'établit entre ≈ 5 (pour les confirmés) et ≈ 10 (pour les experts) avec une récupération de cinq minutes. Pour un effort concentrique, le nombre de répétitions s'échelonne de ≈ 10 (pour les niveaux peu élevés soit ≈ 75 % de 1RM) à ≈ 2 répétitions (pour les niveaux élevés soit ≈ 95 % de 1RM). Très longtemps, le travail pyramidal de type montante-descendante a été proposé. Il permet un important volume de travail avec de grande intensité. Cependant, si les « steps » lors de la phase montante sont petits (de 5 % par exemple), l'athlète se retrouve en parti épuisé pour les charges maximales (perte de vitesse, d'explosivité ou de relâchement). L'alternative (figure n° 22) est de faire une montée avec des « steps » plus grands et des séries incomplètes (par exemple 6*75 %, 4*85 %, 2*90 %) et de se concentrer sur la phase descendante. Le sujet demeure ainsi « normalement » explosif lors de ses réalisations.

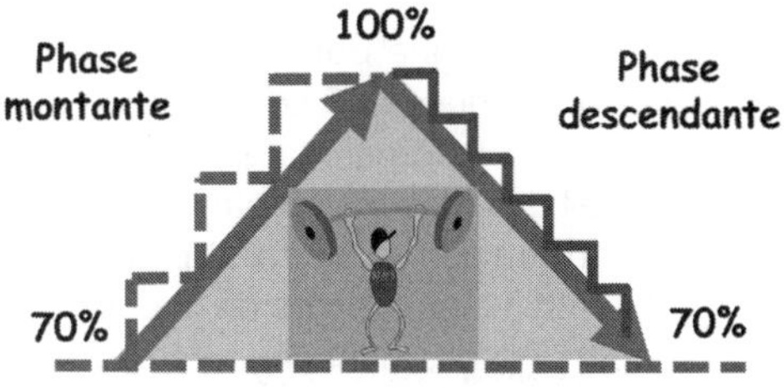

Figure n° 22. Exercice pyramidal

Pour les efforts isométriques, la tenue de la contraction s'échelonne entre ≈ 3 secondes (à 110 %), ≈ 5 secondes (à 90 %) et 15 secondes (à 80 %). Pour les efforts excentriques, le nombre de répétitions s'échelonne de ≈ 8 (à 90 %) à ≈ 3 (à 120 %) avec une aide pour remonter la charge. Comme Pletnev (1976) le préconise (bloc hybride), une combinaison des contractions, concentrique (à 90 %) isométrique (110 %) et excentrique (120 %) permet un renforcement plus substantiel de la force. Les spécificités du travail isométriques imposent de combiner les efforts avec des contractions dynamiques. Les spécificités du travail excentrique imposent des temps de repos prolongés, et des précautions pour les charges supramaximales (réservé aux experts). Il faut noter que le travail concentrique produit des gains de force supérieurs au travail excentrique quand l'angle articulaire est refermé, à l'inverse quand l'angle est ouvert (Poulain & Pertuzon, 1988).

Ainsi, pour améliorer la force, les séries multiples sont indispensables chez des athlètes entraînés alors que chez les débutants, des séances basés sur des séries uniques (une seule série par exercice) sont suffisantes pour augmenter la force (Dupond & Bosquet, 2007).

Enfin, nous citerons le débat soulevé par Carpinelli (2002) sur la base d'une revue de synthèse des recherches sur la pertinence des séries multiples, affirmant que des séries simples seraient aussi efficaces. De même, Hass & al. (2000) proposent une diminution importante de la charge d'entraînement. Après treize semaines d'entraînement, la force, l'endurance et la masse musculaire ont augmenté de la même façon en séries simples comme qu'en séries multiples. Cependant, les caractéristiques des populations concernées sont imprécises apparaissant être des novices juste un peu expérimentés en haltérophilie. En contrepartie, l'amélioration de la force pour les experts passe par des séries multiples alors que pour des novices des séries uniques peuvent suffire (Dupond & Bosquet, 2007).

Quatrième objectif : développement de la puissance-force

L'amélioration de la puissance se réalise par la progression des facteurs de force ou de vitesse (P = F*V). Comme il est impossible de contrôler sa vitesse sans disposer d'un appareil isocinétique, la régulation se fait en imposant une charge moyenne (≈ 60 % 1RM) et en réalisant le mouvement avec une vitesse maximale. La vitesse se retrouve alors à des niveaux intermédiaires. C'est à une vitesse intermédiaire (optimale) qu'on produit une puissance mécanique maximale. Le gain de puissance est alors aussi optimal (Kaneko & al., 1983). Selon les effets recherchés, les efforts se situent entre 50 et 70 % de 1RM et le nombre de répétition se situe autour de 6 répétitions.

Le travail combiné permet une évolution de la puissance musculaire. Les exercices stato-dynamiques (≈ 5 secondes en statique + 5 répétitions à ≈ 50 % en dynamique) développent la force explosive en sollicitant un plus grand nombre d'unités motrices. Le travail dynamique doit être effectué à vitesse maximale. Bien sûr, le travail à charge intermédiaire permet un travail pliométrique (c'est ce qui se passe en développé couché) grâce à un meilleur temps de couplage (Jakobsen & al., 2012). Il faut alors insister sur la phase de relâchement pour restituer au mieux les énergies élastiques.

La phase spécifique

La phase spécifique permet de développer les qualités de vitesse et d'explosivité du sujet. Les exercices s'effectuent généralement avec des charges faibles et nécessitent une bonne maîtrise des gestes techniques pour travailler en relâchement. La préparation est intégrée.

Cinquième objectif : développement de la puissance-vitesse

L'explosivité se caractérise par une mise en action rapide : elle est également appelée force explosive. L'explosivité se distingue par une adaptation neuro-musculaire qui permet de mobiliser une résistance avec la plus grande vitesse de contraction possible. C'est la capacité du système neuromusculaire à faire varier brusquement sa propre quantité de mouvement ou celle d'un engin sur lequel elle agit (Miller, 1997). La quantité de mouvement est caractérisée par l'intégrale (surface) de la courbe force-vitesse : celle-ci décolle plus vite, la surface augmente. Une relation linéaire apparaît entre la force et la vitesse en condition pluri-articulaire et curvilinéaire en condition mono-articulaire. La quantité de mouvement ou impulsion sont liés. Mathématiquement, il y a égalité entre les deux termes. C'est la phase des efforts dynamiques de Zatziorsky visant à améliorer la cinématique du mouvement c'est-à-dire :

- améliorer les qualités neuromusculaires
- améliorer la coordination intermusculaire.

La résistance étant trop faible, la force ne peut être sollicitée. Seule la vitesse ou la fréquence peut augmenter. La fréquence de dépolarisation varie et présente des « doublets » (Duchateau & Haineau 2003). Ces doublets favorisent l'augmentation de la pente au niveau de la montée de force et donc le décollage de la courbe force-vitesse. Le recrutement des unités motrices joue aussi un rôle fondamental grâce à une meilleure synchronisation.

L'explosivité permet à un sujet ou à un objet d'atteindre une vitesse maximale. Cette vitesse est déterminée par l'amplitude et la fréquence du mouvement pour les mouvements cycliques. Au 100 m plat, les sprinters exploseront des starting-blocks grâce à une fréquence de foulée élevée, ils augmentent l'amplitude dans une deuxième phase de la course. Si l'augmentation de l'amplitude permet une phase d'accélération plus longue, elle réduit la fréquence du mouvement. Cependant, les analyses de la foulée montrent que les sprinters experts adoptent rapidement une fréquence de course alors même que l'amplitude continue d'augmenter. L'interaction de ces deux variables (amplitude-fréquence) détermine la vitesse du système (Donati, 1996). Si l'amplitude dépend fortement de la force développée par le sujet, les facteurs nerveux conditionnent la fréquence et l'explosivité du mouvement.

Les exercices en contraste de charges (« méthode bulgare ») favorisent la montée de force (explosivité). Le recrutement des fibres musculaires est expliqué classiquement par le principe de taille de Henneman (« Henneman's size principle ») : les fibres lentes sont recrutées avant les fibres rapides quel que soit le type de mouvement. Le principe du contraste du lourd (à vitesse lente), léger (à vitesse rapide) et du lourd (à vitesse rapide) permet un recrutement plus rapide des grosses unités motrices. Selon Baudry et Duchateau (2007), la potentialisation de la série lourde dépend du nombre de répétitions et du délai avec la série légère. Dans ce cas, la « bulgare série » (enchaînement des contrastes de charge) apparaît plus efficace que la « bulgare séance » (repos ≈ 4-5 min entre les contrastes de charge). La loi de Henneman est discutée : les unités motrices de types II pouvant être recrutées directement sans solliciter les unités motrices lentes (Grimby & Hannertz 1977).

Les déplacements segmentaires à grande vitesse favorisent la co-activation et une meilleure application synergique des forces musculaires. Ce mécanisme de co-activation joue un rôle protecteur en répartissant au mieux les contraintes articulaires. Les sujets experts régulent l'action antagoniste pour optimiser le travail des muscles effecteurs.

Enfin, l'entraînement pliométrique génère des adaptations internes (myoélectrique et structurelle au niveau des ponts d'acto-myosine). Ce travail développe l'explosivité grâce à de nombreuses transformations :

- Il développe des forces supra maximales.
- Il inhibe le réflexe myotatique (Schmidtbleicher, 1985).
- Il diminue le temps de couplage (Bosco, 1985).
- Il élève le seuil des récepteurs de Golgi (Bosco, 1985).
- Il améliore la sensibilité du fuseau neuro-musculaire (Pousson, 1988).
- Il augmente la raideur du muscle (Pousson, 1988).

Les exercices pliométriques permettent donc d'améliorer les coordinations inter et intra-musculaires. Cependant, ces exercices demandent un bon contrôle du mouvement car les tensions musculo-tendineuses sont très élevées (peu conseillé pour les jeunes). Lors d'un entraînement pliométrique il faut tenir compte de la chronologie des exercices au sein de la séance (Lloyd & Deutsch, 2008), les qualités de vitesse pouvant être altérées.

Sixième objectif : l'affûtage

L'affûtage défini comme la phase pré-compétitive (tapering) fait l'objet d'un ultime micro-cycle, prélude à la compétition. Le but est de créer une surcompensation en réduisant partiellement la charge d'entraînement : l'augmentation des performances est remarquable (environ 3 %). Le niveau d'intensité doit demeurer à un niveau relativement élevé pour conserver les qualités (Mujika, 1998). Si l'intensité et la fréquence des exercices sont maintenues, le volume baisse progressivement (40 à 60 %) sur deux à trois semaines (Bosquet & al., 2007). Enfin durant ce cycle une attention particulière est portée sur les caractéristiques psychologique et diététique.

Quelle que soit l'activité sportive, la musculation permet d'optimiser les performances en potentialisant les aspects moteurs, énergétiques ou technico-tactiques. La musculation ne doit pas se centrer uniquement sur des aspects généraux de la préparation physique car nous avons vu que le transfert est d'autant plus effectif que les exercices se rapprochent du geste technique. Cela est d'autant plus vrai à mesure que l'on avance dans la préparation physique et que l'on se rapproche de la compétition.

QUESTIONS

1. Caractérisez les habiletés motrices.

2. Donnez une définition de l'endurance.

3. Donnez une définition de la puissance.

4. Définissez et citez un exercice de type pliométrique ?

5. Qu'est-ce que l'unité motrice ? Quelle est son incidence fonctionnelle ?

6. Caractérisez la typologie musculaire.

7. Pourquoi devons-nous parler de couple de force ?

8. Qu'est-ce que l'angle de pennation ?

9. Comment pouvez-vous estimer la force maximale d'un sujet ?

10. Définissez le principe de charge d'entraînement, et la chronologie des variables mise en jeu.

11. Comment devez-vous considérer la PPG ?

12. Caractérisez les intérêts et les limites de l'hypertrophie.

13. Quels sont les inconvénients du travail excentrique ?

14. Caractérisez les intérêts et les limites du travail pyramidal.

15. Caractérisez la méthode du « contraste de charge ».

16. Qu'est-ce que l'affûtage ?

17. Quelles sont les incidences d'un cycle de :

a. force maximale
b. de puissance-force sur les courbes forces/temps et force/vitesse ?

CHAPITRE 3
DÉVELOPPEMENT DES CARACTÉRISTIQUES ÉNERGÉTIQUES

Youcef Alanbagi

En parallèle du développement des qualités motrices, la réalisation des mouvements nécessite l'utilisation de substrats énergétiques. Lesdits substrats peuvent varier selon l'intensité ou la durée de l'effort. Au-delà du principe de la filière énergétique prédominante, il faut comprendre que l'ensemble des filières travaillent de façon concomitante avec des intensités et des inerties différentes. Il est nécessaire de remarquer que tous les métabolismes interviennent dès le début de l'exercice et que seule leur part dans la contribution totale change. C'est ce que nous allons essayer de démontrer dans ce chapitre.

Les qualités anaérobies

La performance dépend beaucoup des qualités anaérobies dans les sports « explosifs ». Néanmoins, lorsque des courses d'endurance comme en athlétisme se terminent par un sprint, la sollicitation du métabolisme anaérobie peut également s'avérer déterminante. De plus, pour surprendre l'adversaire en judo ou porter une action décisive en sports collectifs, l'amélioration des qualités anaérobies représente souvent un objectif important de l'entraînement car les actions doivent être brèves et intenses.

Définition et caractéristiques

Les qualités anaérobies englobent l'ensemble des activités brèves effectuées à puissance maximale comme les sprints et les sauts. Lors d'un sprint de six secondes, l'énergie provient du métabolisme anaérobie : l'adénosine triphosphate (ATP), la phosphorylcréatine (PCr) et la glycolyse assurent respectivement 6 %, 50 % et 44 % de l'apport énergétique (Gaitanos et coll., 1993). La resynthèse des stocks de PCr lors de la récupération suivant un exercice intense se caractérise par une phase initiale rapide suivie d'une phase plus lente 50 % de PCr resynthétisée en moins de 25 secondes et 100 % en 7 minutes. Elle dépend de la disponibilité en oxygène car l'apport d'oxygène au niveau musculaire augmente significativement la vitesse de resynthèse de la PCr. En outre, plus les athlètes sont entraînés en endurance plus ils resynthétisent rapidement les réserves de PCr et le troisième élément que nous pouvons relever pour permettre une resynthèse de la PCr concerne la récupération. En effet, une récupération passive permet de mieux resynthétiser la PCr qu'une récupération active.

Les méthodes d'entraînement

Les méthodes d'entraînement permettant d'améliorer la performance anaérobie sont multiples et variées et dépendent du niveau initial des sportifs et des objectifs à atteindre. Pour ces exercices, il conviendra toujours de proposer des temps de récupération adaptés aux distances de courses et aux effets recherchés comme nous le proposons.

La répétition des sprints courts entrecoupés de périodes de récupération

Il s'agit de réaliser des exercices de sprints brefs de 4 à 6 secondes ou sur de courtes distances de 10 à 40 mètres entrecoupés de périodes de récupération passive suffisamment longues pour resynthétiser une partie des réserves de phosphagènes. Il faut environ 15 secondes pour resynthétiser 50 % des réserves de PCr et plus de 5 minutes pour resynthétiser la totalité de ces réserves.

Pratiquement, l'évolution des performances durant la séance est un indicateur pour réajuster les objectifs. En effet, la baisse de la performance lors des sprints signifie que la récupération est incomplète. Chez les sportifs entraînés, une récupération passive de 30 secondes est suffisante pour maintenir un même niveau de performance lors de la répétition de sprints de 15 mètres. Pour des sprints de 30 mètres, une récupération d'au moins 1 min 30 est nécessaire pour maintenir le même niveau de performance. Ici, l'objectif de cette méthode vise à améliorer les phases d'accélération et le pic de vitesse comme c'est le cas dans un départ en sprint en athlétisme. Elle permet de diminuer le temps pour atteindre le pic de vitesse. Cette qualité de vitesse se définit comme la faculté d'effectuer des actions motrices le plus rapidement possible par rapport à un signal externe ou non. Certains auteurs distinguent la vitesse acyclique qui correspond à une action motrice isolée et la vitesse cyclique à une succession d'actions identiques comme la course. Pour développer la vitesse, les principes généraux à retenir sont un travail à vitesse maximale sur des temps d'effort brefs. Pour ce faire, l'entraîneur peut opter pour diverses formules car la vitesse peut se décomposer. Ainsi, la vitesse de réaction et la vitesse gestuelle se travaillent en obligeant le sportif à travailler à partir de signaux de natures différentes et dans des positions initiales variées. La fréquence gestuelle se développe en utilisant des exercices avec des résistances modérées ou une aide extérieure mécanique ou environnementale. La capacité d'accélération s'améliore par la réalisation d'exercices de répétition gestuelle à travers des actions motrices rectilignes et circulaires.

La répétition des sprints longs entrecoupés de longues périodes de récupération

Il s'agira ici de répéter des sprints de 30 secondes à 2 min ou sur des distances comprises entre 150 et 500 m entrecoupées de récupérations suffisamment longues pour, entre autres, resynthétiser les réserves de PCr et reconstituer les stocks d'oxygène. L'objectif est de réduire l'indice de fatigue, c'est-à-dire la phase de décélération lors d'un sprint de 100 m par exemple qui survient aux alentours de 6 s (60 m) lorsque les réserves de PCr diminuent. La récupération passive devrait permettre une meilleure resynthèse de la PCr, une meilleure ré-oxygénation de l'hémoglobine alors qu'une récupération active permettrait de réduire le déficit en oxygène accumulé en début d'exercice et de solliciter le métabolisme aérobie.

La répétition des sprints courts entrecoupés de courtes périodes de récupération

Cette méthode consiste en la répétition de sprints de 6 secondes ou sur des distances comprises entre 30 et 40 mètres entrecoupées de périodes de récupération courtes de 25 secondes. Ce type d'exercice correspond aux activités où la capacité à répéter de nombreux sprints est présente avec de courtes périodes de récupération comme dans les sports collectifs. Dans ce genre d'activités physiques, la contribution énergétique du métabolisme anaérobie est prépondérante lors des premiers sprints puis au fur et à mesure des répétitions, le métabolisme aérobie devient prépondérant. Ainsi, lorsque les périodes de récupération entre les sprints sont courtes soit d'environ 20 secondes avec une récupération d'environ 50 % de PCr et lorsque les périodes de récupération sont réalisées activement, la contribution du métabolisme aérobie s'accroît davantage que lorsqu'elles sont réalisées passivement. Cette méthode d'entraînement permet d'améliorer simultanément les performances aérobies et anaérobies.

L'apprentissage technique

Les gains en puissance et en vitesse dépendent également des adaptations neuromusculaires. Un apprentissage technique peut générer des gains en puissance ou en vitesse que ce soit dans les phases d'accélération, de pic de vitesse et de décélération. La vitesse de course étant déterminée par deux paramètres c'est-à-dire par le produit de l'amplitude et de la fréquence de foulée, l'entraînement tentera d'augmenter un des deux paramètres sans diminuer l'autre. Ici, les exercices de gammes, les techniques et les stratégies de course visant à augmenter l'amplitude de foulées et la fréquence de foulées sont à privilégier.

Le renforcement musculaire

Un renforcement musculaire peut être profitable aux phases d'accélération et de pic de vitesse bien que la force ne soit qu'un des paramètres de la puissance. Comme nous l'avons vu précédemment, la méthode des efforts dynamiques, de pliométrie et de stato-dynamique sont à privilégier et à coupler avec des exercices de force, de saut et de vitesse. Ces exercices pour des athlètes entraînés consistent à travailler la phase d'accélération avec des résistances (partenaires, parachute, gilet lesté, charge à tirer).

Le travail en survitesse

Il s'agit de courir à des vitesses supérieures à celles atteintes sur une piste plate avec des moyens naturels ou non pour améliorer le pic de vitesse. La course en descente et le tirage sont des moyens pouvant être utilisés et qui augmentent d'environ 10 % le pic de vitesse. Cette technique génère des contractions musculaires plus importantes à partir d'un exercice spécifique de l'activité de sprint.

Effets de l'entraînement en sprint

Un entraînement en sprint de plusieurs semaines chez une population active peut conduire à :

- Une augmentation du pic de concentration de lactate dans le muscle et dans le sang. C'est respectivement le lactate musculaire et la lactatémie.
- Une déplétion plus importante des réserves de glycogène musculaire.
- Une augmentation des activités enzymatiques de la glycolyse.
- Une augmentation du pouvoir tampon.
- Une aptitude à descendre à un pH plus bas et donc une meilleure tolérance à l'acidose.

Effets du désentraînement

Après une courte période d'inactivité, la puissance diminue chez les sportifs. Cette perte de puissance est associée à plusieurs facteurs comme une diminution de l'activité enzymatique de la glycolyse, de la force et de la surface de section transversale des fibres musculaires rapides. Si la période d'arrêt est plus longue, nous constatons une diminution de la masse musculaire, de la surface de section transversale des fibres musculaires rapides et lentes et du rapport fibres rapides sur fibres lentes.

Les qualités aérobies

La contribution énergétique du métabolisme aérobie augmente avec la durée de l'exercice à réaliser ou la distance à parcourir. Sur le plan physique, la performance dépend du VO_2max, du coût énergétique et de l'endurance dans les épreuves de moyenne et longue durée. Le VO_2max est un débit. C'est le volume maximal d'oxygène que l'organisme peut consommer par unité de temps au cours d'un effort suffisamment intense pour conduire le pratiquant à l'épuisement. Cependant, d'autres paramètres influencent également la performance comme les conditions environnementales, la diététique ou la préparation mentale. Le VO_2max est le plus haut niveau de consommation d'oxygène qu'un individu peut atteindre lorsqu'il réalise un exercice au niveau de la mer. Le VO_2max absolu s'exprime en litres d'oxygène consommé par minute ($L.min^{-1}$) et le VO_2max relatif s'exprime en millilitres d'oxygène consommé par kilogramme de masse corporelle et par minute ($ml.kg^{-1}.min^{-1}$). Chez une population hétérogène, la relation est significative entre le VO_2max et la performance dans ce type d'effort de moyenne et longue durées. En revanche, cette relation entre performance et VO_2max est moins évidente lorsque la population est homogène car d'autres facteurs rentrent en compte comme un coût énergétique plus faible ou une meilleure endurance aérobie. Ainsi, le coût énergétique de la course correspond à la quantité d'oxygène requise pour parcourir une distance donnée. Il s'exprime en millilitres d'oxygène par kilogramme de masse corporelle et par mètre ($ml.kg^{-1}.m^{-1}$). L'endurance est définie comme le temps durant lequel un exercice, à une intensité donnée, peut être soutenu. En course, l'endurance est alors définie comme le temps limite de course à un pourcentage donné de la vitesse maximale aérobie (VMA) ou de la puissance maximale aérobie (PMA). La VMA est un indicateur de terrain qui représente la vitesse de course à pied suffisante pour solliciter une consommation maximale d'oxygène. Elle « correspond à la vitesse maximale à laquelle un sujet court à son VO_2max, en restant en régime oxydatif sans produire un surplus d'acide lactique, c'est-à-dire environ 10 millimoles d'acide lactique » (Berthoin et coll., 1995). Elle dépend également du rendement mécanique qui correspond à l'économie de course, de la gestion de l'allure de course, des conditions climatiques, voire de l'investissement sur le plan psychologique car le type d'effort est maximal. Quant à la PMA, c'est la puissance de travail qu'une personne développe par unité de temps au cours d'un effort qui sollicite une consommation d'oxygène égale à son VO_2max. En effet, de manière plus générale la puissance est le travail par unité de temps :

- $P = F*D/T = F*V$ car $V = D/T$.

La puissance est donc proportionnelle à la vitesse de déplacement. Ainsi, plus la vitesse de course augmente, plus la puissance développée augmente jusqu'à atteindre la PMA pour une vitesse donnée. Ainsi, l'intensité associée à la vitesse de déplacement peut être exprimée en pourcentage de la PMA ou de la VMA. Ainsi, l'amélioration du VO_2max nécessite la réalisation d'exercices permettant de solliciter et de maintenir un haut pourcentage de VO_2max (> 90 % de VO_2max) le plus longtemps possible. Les exercices continus et intermittents permettent d'atteindre et de maintenir ces pourcentages élevés de VO_2max. Lors de ces exercices, le VO_2max est atteint lorsque l'intensité est comprise entre la vitesse critique et 110 à 120 % de la VMA. La vitesse critique est une vitesse qui peut être maintenue très longtemps et définie comme la pente de la relation entre la distance limite et le temps limite. Par exemple, la vitesse critique d'un athlète parcourant le 1500 m en 4 min 30 (270 s) et le 5000 m en 15 min (900) sera de 5,5 $m.\ s^{-1}$, soit environ 19,8km. h^{-1} [$Vc = (5000-1500)/(900-270) = 5,5\ m\ s^{-1}$, soit environ 19,8 km. h^{-1}].

Afin de permettre une diminution du coût énergétique qui est un des facteurs de la performance dans ce genre d'activités, nous pouvons proposer des répétitions de course proches de celles vécues en compétition, un renforcement musculaires des membres inférieurs, de la sangle abdominale à travers le gainage qui semble être un élément primordial de la performance ainsi que les muscles du dos et par des gammes athlétiques à travers le travail des appuis et des foulées.

L'endurance aérobie peut être améliorée au moyen d'exercices continus à des intensités sous maximales. Le tableau n° 1 présente les temps limites moyens à différentes intensités d'une population sportive s'entraînant trois fois par semaine.

Tableau n° 1. Temps limites moyens en fonction de l'intensité pour une population sportive modérément entraînée.

Intensités (% VMA)	Temps limites moyens (min)
80 %	40 à 60 min
85 %	20 à 30 min
90 %	14 à 16 min
92 %	11 à 13 min
95 %	8 à 10 min
100 %	5 à 7 min

Les méthodes d'entraînement

La construction d'un programme d'entraînement repose sur une classification des séances. La réalisation de séances variées est intéressante pour tout sportif. Les séances d'entraînement peuvent être composées d'exercices continues ou intermittents. Pour améliorer les qualités aérobies, il est nécessaire de préciser :

- La durée et l'intensité pour les exercices continus.
- La période d'exercice, la période de récupération, l'intensité de la période d'exercice, le type de récupération qu'elle soit active ou passive, le nombre de répétitions ou la durée totale pour les exercices intermittents.

Les exercices continus

Le tableau n° 2 présente les objectifs en fonction des différents types de séances pour des exercices continus.

Les séances continues lentes effectuées à moins de 70 % de VMA pendant de longues durées (appelés également séances de fond ou de volume) sont souvent utilisées, dans un souci de progression, lors de la reprise de l'entraînement pour préparer l'organisme aux exercices plus intenses. Ce type d'exercice relativement facile est également réalisé pour dépenser une quantité importante d'énergie et par conséquent, perdre de la masse grasse. Cependant, il convient d'éviter la répétition fréquente de ces séances qui n'ont pas d'effets significatifs sur la performance et qui sont susceptibles de provoquer des traumatismes musculaires, tendineux et articulaires.

Les séances continues rapides sont réalisées à des intensités comprises entre 80 % et 90 % de VMA et permettant d'améliorer l'endurance. Lorsque l'intensité est comprise entre 80 % et 85 % de VMA, les séances sont réalisées en un seul bloc, c'est-à-dire en une seule série. En revanche, lorsque l'intensité est comprise entre 85 et 90 % de VMA, les séances sont souvent effectuées en plusieurs blocs ou séries comme c'est le cas avec des exercices intermittents de type long-long. Dans ce dernier cas, il peut s'agir, par exemple, d'effectuer 3 fois 10 min de 90 % de VMA. Il s'agit de séances difficiles.

Tableau n° 2. Classification et objectifs des séances continues.

Types de séances	Développement	Intensités	Durées	Répétition par semaine
Séances continues intermédiaires	Endurance	70 % VMA	Supérieure à 45 min	1 à 2
Séances continues rapides	Endurance et VO_2max	85 % VMA	20 à 30 min	2 à 3

Les exercices intermittents

Les exercices intermittents consistent à alterner des périodes d'exercices de haute intensité avec des périodes de récupération active et passive. L'introduction de périodes de récupération entre les périodes d'exercices intenses permet aux sportifs de maintenir l'intensité de l'exercice plus longtemps que lorsque l'exercice est réalisé en continu jusqu'à épuisement (McDougall & Sale 1981). Les exercices intermittents se caractérisent alors par la combinaison de plusieurs variables :

- La période d'exercice et son intensité.
- Le type et la durée de récupération.

Par conséquent, une des difficultés de l'entraîneur dans la programmation d'exercices intermittents va être de déterminer les combinaisons entre l'intensité, les périodes d'exercice, les périodes de récupération et le type de récupération permettant d'atteindre l'objectif visé. Le tableau n° 3 présente les objectifs en fonction des différents types de séances intermittentes.

Tableau n° 3. Classification et objectifs des séances intermittentes.

Types de séances	Répétition par semaine	Phase d'exercice	Phase de récupération	Phase de répétition	Nombre de série(s)	Objectifs
Intermédiaire	2	10 min	5 min	4	1	↑ Endurance aérobie ↑ VO_2max
Long – long	2	3 à 10 min 90 % à 100 % VMA	3 à 4 min RA	4	1	↑ Endurance aérobie ↑ VO_2max
Moyen – moyen	3	30 secondes à 2 min 100 % à 110 % VMA	30 secondesà 3 min RA	de 5 à 12	de 1 à 3	↑ VO_2max
Court – court	2	10 secondes à 20 s 110 à 130 % VMA	10 à 20 s RA ou RP	de 10 à 15	de 3 à 5	↑ VO_2max ↑ apacité anaérobie

RA : récupération active et RP : récupération passive.

Les séances de type long-long contribuent à améliorer l'endurance aérobie et le VO_2max, tandis que les séances de type moyen-moyen permettent d'améliorer plus spécifiquement le VO_2max. Nous ne savons pas encore laquelle de ces séances est plus profitable pour augmenter le VO_2max. Néanmoins, plutôt que de les opposer, il est préférable de les associer dans un programme d'entraînement pour générer des adaptations périphériques variées.

Pour ces séances, Billat et coll. (1996) ont proposé d'individualiser la durée des phases d'exercices et de récupération à partir du temps limite de l'exercice continu. Par exemple, lorsqu'un athlète maintient 100 % de sa VMA pendant 6 min, les périodes des exercices intermittents sont de 3 min, c'est-à-dire 50 % du temps limite continu. Bien que cette démarche apparaisse cohérente, le temps limite et le temps total passé à VO_2max ne sont pas différents de ceux obtenus lorsque la durée est identique pour tous, c'est-à-dire 2 min à 100 % de la VMA alternées avec 2 min de récupération active à 50 % de la VMA. La plupart des études portant sur l'exercice intermittent n'ont pas trouvé de corrélation entre le temps limite des exercices continus et ceux des exercices intermittents. Les qualités requises pour maintenir un exercice continu sont donc probablement différentes de celles requises pour maintenir un exercice intermittent. Comme la spécificité des exercices intermittents est d'introduire des périodes de récupération entre les exercices, la performance lors d'exercices intermittents est probablement dépendante de la quantité et de la qualité de la récupération.

Lorsque l'intensité des séances de type court-court est supérieure à la VMA, le VO_2max et la capacité anaérobie peuvent être améliorées. Par exemple, il a été trouvé, chez des footballeurs de haut niveau, que la VMA et la vitesse de sprint étaient significativement améliorées après un entraînement de 10 semaines basé sur des exercices intermittents (+ 1,2 $km.h^{-1}$ pour la VMA et 1 $km.h^{-1}$ pour la vitesse moyenne sur 40 m). Cet entraînement comportait deux séances par semaine. La première consistait en la réalisation de 12 à 15 sprints de 40 m alternés avec 30 secondes de récupération passive et la seconde consistait en la réalisation de 2 séries de 12 à 15 courses à 120 % de la VMA alternées avec 15 secondes de récupération passive.

Récupération active ou passive ?

De nombreux entraîneurs ou chercheurs préconisent une récupération active entre les exercices brefs et intenses pour maintenir un VO_2max plus longtemps, favoriser l'élimination des ions lactate et H+, et ainsi maintenir l'exercice plus longtemps.

Lorsque les périodes de récupération entre les exercices sont suffisamment longues ($\geq$ 30 secondes), le VO_2 moyen et le temps passé à VO_2max sont effectivement plus importants lorsque la récupération est active. En revanche, lorsque la récupération est courte, c'est-à-dire entre 5 et 15 secondes, une récupération passive entre des exercices de haute intensité permet également de solliciter et de maintenir le VO_2max comme par exemple, des exercices de 15 secondes à 120 % de la VMA alterné avec 15 secondes de récupération passive. Pour ce type d'exercice intermittent, les temps passés à VO_2max sont similaires lorsque les exercices sont menés jusqu'à épuisement.

En ce qui concerne la performance, lorsque la récupération est courte (5 à 15 secondes), le temps limite d'exercice, c'est-à-dire la durée maximale d'exercice à une intensité relative donnée, est plus long lorsque les exercices intermittents sont entrecoupés de récupérations passives plutôt que de récupérations actives. Parallèlement, lors de la répétition de sprints, la performance, c'est-à-dire le temps cumulé, est meilleur lorsque les exercices sont entrecoupés de récupérations passives plutôt que de récupérations actives.

En résumé, les deux types de récupération sont intéressants dans l'entraînement. Le choix de la modalité de récupération dépend donc de l'objectif recherché. Un exercice intermittent entrecoupé d'une récupération active se caractérise par une succession de courses à deux allures différentes. Dans ce cas, les phases d'accélération et de décélération y sont moins importantes, l'amplitude des variations en VO_2, ainsi que celle associée à l'oxygénation musculaire et à la PCr sont plus faibles. Ainsi, lorsque l'objectif est d'améliorer le VO_2max, les deux modalités de récupération sont intéressantes, à condition de fixer une durée d'exercice plus longue lorsque la récupération est passive. Lorsque l'objectif est de récupérer plus rapidement et d'être plus performant, la récupération passive semble préférable (réoxygénation musculaire et resynthèse de la PCr plus importantes). En revanche, la récupération active réduit le risque de malaise vagal, c'est-à-dire une chute rapide de la pression artérielle provoquant un étourdissement ou une syncope, notamment avec les personnes qui ne sont familiarisées avec ces formes d'exercices.

Charges de travail et développement des ressources énergétiques chez le jeune athlète

En nous appuyant sur les travaux de Pradet (1996), voici présentées de façon synthétique dans le tableau n° 4, les charges de travail nécessaires à respecter pour aboutir au développement des ressources énergétiques de jeunes athlètes à partir des cinq paramètres de la charge de travail que sont :

- L'intensité.
- La durée.
- La durée de la récupération.
- La nature de la récupération.
- La quantité de travail effectuée.

Tableau n° 4. Les charges de travail permettant le développement des ressources énergétiques du jeune sportif

Puissance du processus alactique				
Intensité de l'effort	**Durée de l'effort**	**Durée récupération**	**Nature récupération**	**Quantité de travail**
= ou > à l'intensité maximale absolue	Entre 3 et 7 secondes. Possibilité de balayer toute la palette des durées d'effort en organisant le travail en «Pyramide»	De 1 à 3 minutes en fonction de la durée des efforts	Semi active, pour maintenir la vigilance neuromusculaire sans créer de fatigue supplémentaire	De 6 à 12 répétitions Interrompre le travail dès qu'apparaît une baisse de l'intensité.
Capacité du processus alactique				
Intensité de l'effort	**Durée de l'effort**	**Durée récupération**	**Nature récupération**	**Quantité de travail**
90 à 95 % de l'intensité maximale, ce qui se traduit par le plus vite possible en conservant relâchement et maîtrise	De 7 à 15 secondes Possibilité de balayer toute la palette des durées d'effort en organisant le travail en «Pyramide»	De 3 à 8 minutes en fonction de la durée des efforts	Active (trot, marche) pour permettre une élimination plus aisée des déchets produits et favoriser la quantité de travail	4 à 6 répétitions Interrompre le travail dès qu'apparaît une baisse de l'intensité trop marqué.

Puissance du processus lactique				
Intensité de l'effort	**Durée de l'effort**	**Durée récupération**	**Nature récupération**	**Quantité de travail**
= ou > intensité max pouvant être soutenue sur la durée	Entre 15 et 30 secondes avec possibilité de fractionner la durée	De 1 à 3 minutes entre chaque fraction, et de 5 à 30 minutes entre chaque série	Peu active	Dépendante du niveau d'entraînement des élèves de l'intensité et de la durée des efforts. Interrompre quand l'intensité ou la motivation s'effondre
Capacité du processus lactique				
Intensité de l'effort	**Durée de l'effort**	**Durée récupération**	**Nature récupération**	**Quantité de travail**
80 à 90 % de l'intensité maximum sur la durée d'effort choisie	De 30 secondes à 1 ou 2 minutes en milieu scolaire	De 3 à 8 minutes	Active (trot, marche,). Dans tous les cas activité de faible intensité en recherchant le relâchement musculaire	4 à 6 répétitions. Travail qui peut occuper l'intégralité d'une séance d'EPS

Puissance du processus aérobie				
Intensité de l'effort	**Durée de l'effort**	**Durée récupération**	**Nature récupération**	**Quantité de travail**
		Efforts continus		
80 à 100 % de l'intensité maximum du processus (évaluée en terme de PMA, et traduite pour de nombreuses activités en vitesse maximale aérobie : VMA)	Comprise entre 4 et 6 minutes quand on se mobilise environ vers 100 % de PMA, et 20 à 30 minutes quand l'intensité diminue	Par définition, les efforts continus ne sont pas entrecoupés de récupération, cependant des alternances de périodes plus ou moins intenses sont envisageables.		
		Efforts intermittents de longue durée		
Compris entre 95 et 110 % de PMA	De 2 à 3 minutes	2 à 3 minutes également. Alternance de durées d'effort et de récupérations identiques	Active, pour favoriser le maintien des apports d'oxygène	Pour une séance entièrement organisée autour de cette méthode, 5 à 6 répétitions au minimum s'avèrent nécessaires
		Efforts intermittents de moyenne durée		
Compris entre 105 et 120 % de PMA	Autour d'une minute d'effort	2 à 3 minutes. La récupération peut aller jusqu'au triple du temps d'effort	Active, pour favoriser le maintien des apports d'oxygène	Pour une séance entièrement organisée autour de cette méthode, 8 à 10 répétitions au minimum s'avèrent nécessaires
		Efforts intermittents de courte durée		
Compris entre 115 et 130 % de PMA	Autour de 15 secondes d'effort	1 à 2 minutes. La récupération peut aller jusqu'à 6 à 8 fois le temps d'effort	Active, pour favoriser le maintien des apports d'oxygène	Pour une séance entièrement organisée autour de cette méthode, 12 à 15 répétitions au minimum s'avèrent nécessaires
		Court – court		
90 à 105 % de PMA	De 15 à 30 secondes.	De 15 à 30 secondes. Dans ces exercices qui s'effectuent par séries enchaînées, les séquences d'efforts et de récupérations sont de durées équivalentes	Active, pour favoriser le maintien des apports d'oxygène	Dans une même séance, 2 à 3 séries d'efforts et de contre efforts alternés d'une durée de 6 à 10 minutes entrecoupées d'une récupération d'un temps équivalent sont conseillées

Capacité du processus aérobie				
Intensité de l'effort	**Durée de l'effort**	**Durée récupération**	**Nature récupération**	**Quantité de travail**
Effort continu d'intensité élevée				
80 à 85 % de la PMA	De 20 à 30 minutes	Pas de récupération, mais une possibilité d'alternance de périodes d'efforts élevés et de périodes d'intensité plus faibles (fartlek)		
Effort continu d'intensité moyenne				
70 à 75 % de la PMA	De 30 à 45 minutes	Pas de récupération, mais une possibilité d'alternance de périodes d'efforts élevés et de périodes d'intensité plus faibles (fartlek)		
Endurance fondamentale				
Autour de 60 % de la PMA	De 45 minutes à 1 heure et plus si les conditions de mises en œuvre et la motivation le permet	Pas de récupération, mais une possibilité d'alternance de périodes d'efforts élevés et de périodes d'intensité plus faibles (fartlek)		

L'inter-développement des qualités physiques

La très grande majorité des activités sportives nécessitent le développement simultané de plusieurs qualités physiques. C'est cette synergie qui permet une harmonisation des performances en tant qu'actions motrices. Cependant, il est nécessaire de trouver un équilibre car certaines qualités peuvent se développer au détriment des autres. Par exemple, augmenter la force peut faire perdre des qualités au niveau de l'aptitude aérobie. Des recherches s'opposent sur le fait que l'entraînement combiné de l'amélioration de l'aptitude aérobie ou de la force provoquerait des effets néfastes ou non de telle sorte qu'il est impossible en l'état actuel des connaissances, de recommander telle ou telle pratique d'entraînement. En revanche, il est maintenant reconnu que l'entraînement de ces aptitudes génère des adaptations centrales et périphériques comme le montre le tableau suivant (Dupont et coll., 2007).

Tableau n° 5. Effets de l'entraînement sur les adaptations centrales et périphériques (d'après Dupond & Bosquet, 2007).

Type d'adaptations			
Périphériques		**Centrales**	
Aptitude aérobie	**Force**	**Aptitude aérobie**	**Force**
Typologie musculaire Densité capillaire Densité mitochondriale	Typologie musculaire Surface de section transverse (hypertrophie)	Système cardiovasculaire Système respiratoire	Système nerveux central

Lorsque nous regardons de plus près les adaptations au niveau périphérique d'un entraînement en force, nous constatons une augmentation de la surface de section transverse des fibres musculaires appelée hypertrophie. La densité mitochondriale diminue car l'augmentation du volume musculaire ne s'accompagne pas d'une formation parallèle de nouvelles mitochondries. Cela se traduit par une diminution du VO_2max, exprimée en $ml.kg^{-1}.min^{-1}$. Il semble ainsi que la source d'interférence due à l'hypertrophie musculaire se traduise par une diminution de la capacité de diffusion de l'oxygène. À l'inverse, lors d'un entraînement de type aérobie, la diminution de surface de la section transverse permettrait au contraire une meilleure diffusion.

Fort de ces résultats, il nous semble possible que le choix des intensités d'entraînement puissent mener aux types d'adaptations recherchés (Smidbleicher & Buerhle, 1987 ; Cunningham et coll., 1979, repris par Dupont & Bosquet en 2007). Ainsi, des efforts continus sous-maximaux (Péronnet, 1991) vont plutôt améliorer les facteurs périphériques de la force, alors que les efforts intermittents supra-maximaux (Zatsiorsky, 1966) ont un impact plus important sur les facteurs centraux. C'est l'inverse pour l'amélioration de l'aptitude aérobie.

Tableau n° 6. Spécificité des adaptations induites par différentes méthodes d'entraînement (Dupont & Bosquet, 2007).

Aptitude	Type d'adaptations			
	Périphériques		Centrales	
	Méthode	Intensité	Méthode	Intensité
Force	Efforts répétés	< 80 % RM-1	Efforts maximaux	> 90 % RM-1
Aérobie	Intermittente	> 90 % VO_2max	continue	< 80 % VO_2max

En couplant les résultats des deux tableaux présentés ci-dessus, nous pouvons identifier certaines méthodes d'entraînement permettant une interférence négative dans le développement des aptitudes de force et des aptitudes aérobies. Ainsi, l'utilisation de la méthode des efforts répétés pour augmenter l'hypertrophie musculaire semble à éviter vis-à-vis des qualités de vitesse et de puissance. L'hypertrophie musculaire en soi n'est pas un facteur important de la performance. Les méthodes permettant des adaptations centrales sont donc à privilégier pour le développement de la force alors que des interférences peuvent apparaître si nous tentons de développer simultanément les aptitudes aérobies et de force au niveau périphérique car là se situe une zone d'interférence (en pointillé dans le tableau) (Docherty & Sporer, 2000). Cependant, le développement de la force par la méthode des efforts maximaux et dynamiques, ainsi que par la pliométrie ou les exercices de type stato-dynamique dans les activités à dominante aérobie est recommandé à condition de respecter le modèle proposé par Docherty et Sporer (2000). En effet, l'entraînement en force permet d'améliorer le coût énergétique sans avoir d'effets néfastes sur le VO_2max, ni sur l'endurance aérobie, ce qui permet d'améliorer la capacité de performance du sportif.

QUESTIONS

1. Comment l'entraîneur peut-il s'organiser pour augmenter le volume d'entraînement ? Est-ce vraiment une solution efficace pour favoriser la performance ?
2. De quels facteurs dépend le développement de la force ?
3. À quel âge la force musculaire est atteinte ?
4. Donnez un exemple de séquence permettant le développement de la force par la méthode *bulgare* ?
5. Expliquez par un schéma le système de développement de la force de Zatsiorski ? Donnez un exemple pour chaque système.
6. Quels types de force pouvez-vous distinguer ?
7. Après une séance d'entraînement, les sportifs se plaignent parfois de courbatures. Expliquez pourquoi.
8. Ces courbatures apparaissent lors de quels types d'effort musculaire ?
9. Quels sont les effets du désentraînement ? Quelles en sont les raisons ?
10. Comment développez les qualités anaérobies ?
11. Quelles sont les composantes de la capacité aérobie ?
12. Pour quelles raisons est-il nécessaire de développer la capacité aérobie ?
13. Comment peut-on organiser le développement de la force chez des sportifs confirmés et débutants ?
14. Quels sont les types de coordinations qui améliorent la force ?
15. Quels sont les facteurs qui améliorent la force au cours de l'entraînement ?
16. Quels sont les facteurs qui expliquent l'hypertrophie musculaire ?
17. Quelles sont les raisons qui expliquent qu'après une période d'inactivité, la force diminue ?
18. Quelles sont les raisons qui expliquent qu'après une période d'inactivité, la puissance diminue ?

CHAPITRE 4
ÉVALUATION DE LA PERFORMANCE : LES TESTS DE TERRAIN

Youcef Alanbagi

Intérêts des tests de terrain pour l'entraînement sportif

« L'évaluation du talent et la planification de l'entraînement sont les dimensions essentielles de l'optimisation de la performance » (Adam, 1984). Les différents tests existants et adaptés à l'entraînement sportif ont plusieurs fonctions. Ils permettent d'évaluer le niveau de forme physique à travers l'indicateur que représente le VO_2max ou les caractéristiques des grandes voies du métabolisme de l'athlète que sont la filière anaérobie alactique (puissance maximale), la filière anaérobie lactique (endurance) et la filière aérobie (capacité maximale). Rappelons que le VO_2max ($ml.min^{-1}.kg^{-1}$) est un débit correspondant au volume maximal de dioxygène que l'organisme peut consommer par unité de temps au cours d'un effort suffisamment intense pour conduire le pratiquant à l'épuisement. Les tests de terrain sont plus faciles à appréhender qu'en laboratoire mais sont moins fiables. Ils permettent de connaître à un moment précis de la saison, l'état de la condition physique du sportif, ce qui permet de re-définir des charges individuelles d'entraînement ou d'en évaluer son efficacité afin de le réajuster. Il est nécessaire de rappeler que tous les métabolismes interviennent dès le début de l'exercice et que seule leur part dans la contribution totale change.

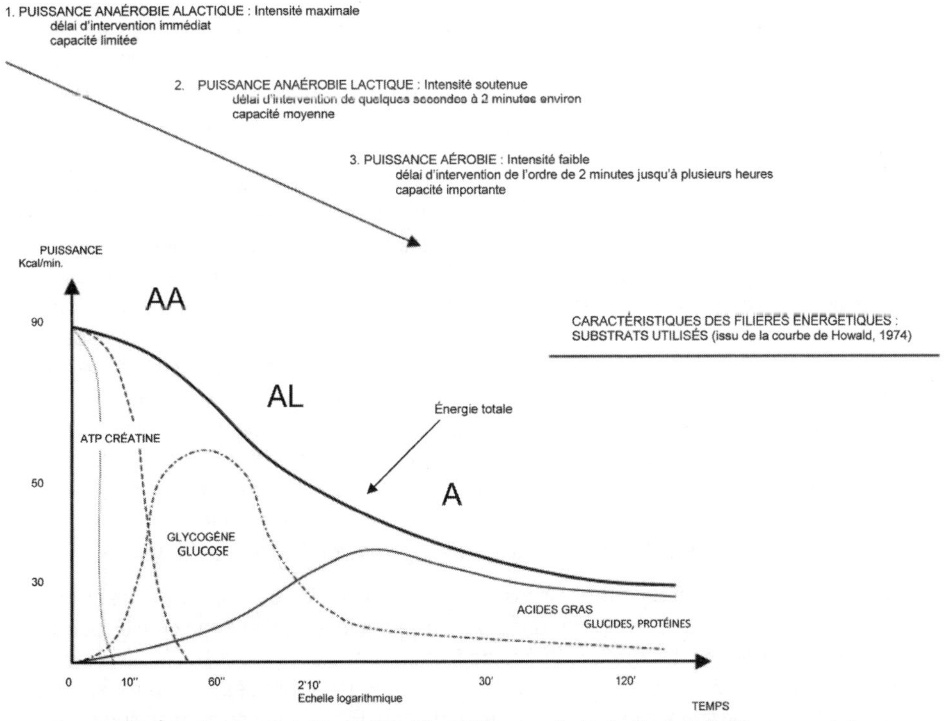

Figure n° 23. Évolution du métabolisme anaérobie alactique, anaérobie lactique et aérobie au cours du temps

Aussi, pour la majorité des sportifs, les performances maximales sont atteintes entre 10 et 13 heures et entre 17 et 20 heures car l'ensemble des facteurs physiologiques convergent dans le sens d'une meilleure contractilité musculaire du fait de la température corporelle qui atteint sa valeur optimale de 37,5 °C. L'heure du test peut être prévue durant ces périodes pour donner une indication fiable de même qu'il est également préférable de programmer les séances d'entraînement durant ces périodes.

Pour faire le point sur les différentes filières énergétiques, nous renvoyons *Le lecteur à l'ouvrage* de Christine Le Page dans la même collection.

Évaluation du métabolisme anaérobie alactique

Le métabolisme anaérobie alactique correspond au processus de régénération de l'ATP, lors des exercices limités à environ 7 secondes. L'idée est de fournir un test bref pour limiter la participation des métabolismes anaérobie lactique et aérobie. Après un exercice court et intense les phosphagènes sont reconstitués à 70 % en 50 secondes, à 85 % en deux minutes, à 90 % en quatre minutes et à 100 % entre six et huit minutes (Harris et coll., 1976). Quel que soit le protocole utilisé, la mesure de la puissance maximale anaérobie alactique nécessite trois conditions à savoir que l'exercice doit être réellement maximal, c'est-à-dire que sur le plan psychomoteur et motivationnel, les sportifs doivent éprouver des facilités à réaliser l'épreuve, proche sur le plan biomécanique de la discipline pratiquée, que sa durée doit être très courte et que les conditions de force et de vitesse soient optimales. Il existe plusieurs tests directs et indirects permettant d'évaluer la puissance anaérobie alactique qui peut être caractérisé comme le débit de production d'énergie par le métabolisme anaérobie alactique dont le débit maximum se nomme puissance maximale anaérobie alactique qui décroît juste après le début du test ou de l'exercice (< 1 à 2 secondes) et la capacité maximale anaérobie alactique qui correspond à la durée pendant laquelle un effort peut être maintenu à un certain pourcentage de la puissance maximale anaérobie alactique. Nous retrouvons essentiellement des tests de détente verticale (Bosco, 1979 ; Sargent, 1924), de l'escalier (Margaria, 1966) et de « force-vitesse » sur ergocycle mécanique à force de frottement du type Monark (Vandewalle, 1987 ; Péres, 1981 ; Pirnay et Crielaard, 1979).

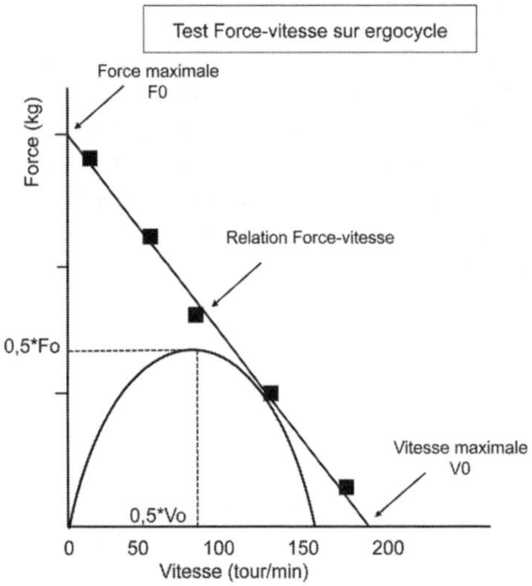

Figure n° 24. Représentation graphique lors d'un test de force-vitesse sur ergocycle

En ce qui concerne le test de « force-vitesse », celui-ci est réalisé sur une bicyclette ergométrique (Péres et al., 1981). Le sportif effectue cinq sprints à intensité maximale, pendant environ 6 à 7 secondes. Différentes forces de friction sont alors proposées (charges croissantes : 0 ; 0,25 ; 0,5 ; 0,75 ; 1 par poids du corps) et sont appliquées sur la roue, ce qui produit cette relation linéaire entre la force de pédalage (F) et la vitesse correspondante (V).

Dans ce test de force-vitesse, la puissance maximale anaérobie ($Pmax_{aa}$) est le produit entre de la force maximale (F_0) développée lors du test et la vitesse maximale (V_0) atteinte correspondante à la force maximale développée.

- $Pmax_{aa} = (0,5*V_0)*(0,5*F_0) = 0,25*(V_0*F_0)$
- Vitesse maximale (V_0) quand F = 0
- Force maximale (F_0) quand V = 0
- Vitesse optimale (V_{opt}) quand est atteinte Pmaxa
- Force optimale (F_{opt}) quand est atteinte Pmaxa

La capacité maximale anaérobie alactique ($Cmax_{aa}$) est quant à elle, le produit entre la puissance maximale anaérobie alactique et le temps ou entre la force maximale (F_0) est la distance. Il vient :

- $Cmax_{aa} = F_0*d$ (nombre de tour de pédale multiplié par la distance faite par tour).

Limites

Contrairement au métabolisme aérobie pouvant être mesuré directement à travers l'oxygène, il est très difficile de mesurer directement le métabolisme anaérobie alactique. En effet, la mesure de l'ATP-PCr et des enzymes liés à ce processus sont difficilement accessibles sans utiliser les tests de mesures directes.

À travers ces tests, c'est en réalité la puissance mécanique externe et non chimique du métabolisme anaérobie alactique qui est réalisée car d'autres facteurs motivationnels ou techniques interviennent dans l'expression de cette puissance mécanique.

Ces tests ne sont donc pas à proprement parler de « tests de puissance maximale anaérobie alactique ». En les nommant ainsi, cela suppose implicitement que le métabolisme énergétique à l'œuvre pour resynthétiser l'ATP représente le facteur limitant la performance lors de ces tests. Il serait souhaitable de les nommer « tests de puissance mécanique maximale », même si c'est le métabolisme anaérobie alactique qui assure l'essentiel de l'apport énergétique. En général, les études comparant les valeurs des puissances maximales anaérobies alactiques obtenues avec différents protocoles trouvent des coefficients de corrélation significatifs mais des valeurs moyennes statistiquement différentes. Il existe des corrélations positives et significatives entre le pic de puissance sur plateforme de force (Davies & Young, 1984), la détente verticale (Vandewalle et coll., 1987) et la puissance maximale sur bicyclette ergométrique. Les différences entre les puissances maximales anaérobies alactiques obtenues ont différentes origines en fonction de la durée de l'exercice, selon que l'on s'intéresse à la puissance maximale instantanée ou à la puissance moyenne, que l'exercice soit mono ou poly-articulaire ou que l'inertie des segments corporels soit ou non prise en compte. En résumé, tous les tests s'accordent à montrer que les valeurs de puissance maximale anaérobie alactique sont supérieures :

- Chez les sportifs pratiquant des sports de puissance et de vitesse.
- Lorsque les épreuves sont proches des exercices réalisés à l'entraînement ou en compétition.
- Chez l'enfant que chez l'adulte.
- Elles décroissent avec l'âge.

Évaluation du métabolisme anaérobie lactique

Le métabolisme anaérobie lactique correspond au processus de régénération de l'ATP par la glycolyse notamment, lors des exercices de 15 secondes à deux minutes. L'évaluation de la puissance anaérobie lactique montre que le débit maximum de production d'énergie est atteint au bout de 30 secondes d'effort. L'évaluation de la capacité anaérobie lactique, qui est la durée pendant laquelle un exercice peut être maintenu à un certain pourcentage de ladite puissance maximale anaérobie lactique, nécessite donc des tests intenses pour stimuler la production de lactates. Ils doivent être spécifiques à la discipline pratiquée. Cependant, il n'existe pas vraiment de tests de terrain pour mesurer ce métabolisme anaérobie lactique. On peut néanmoins citer celui du déficit maximal d'oxygène accumulé (DMOA) à travers un protocole de course à pieds. Il permet de mesurer la capacité anaérobie (Medbo et coll., 1988) au cours d'une course à 120 % de la vitesse associée à la VO_2max (vVO_2max). La différence entre la consommation de dioxygène (O_2) réelle et théorique pour couvrir les besoins énergétiques (120 % de vVO_2max) provoque un déficit de dioxygène (O_2) additionné sur l'ensemble de l'épreuve. Le test le plus souvent utilisé en laboratoire est le *Wingate test* (Ayalon et coll., 1974). Ce test consiste à mesurer la quantité d'énergie produite par le métabolisme anaérobie lactique (glycolyse) par un exercice de pédalage assis à vitesse maximale pendant 30 secondes contre une force de freinage constante établie en fonction du poids corporel. Trois indices sont mesurés et peuvent être retenus dans le *Wingate test*. En premier, nous avons la valeur du pic de puissance sur les sept premières secondes d'effort. Ensuite, la quantité de travail effectuée pendant les 30 secondes nous indique la puissance moyenne du métabolisme anaérobie lactique et alactique. Enfin, la baisse de puissance au cours de l'épreuve permet d'extrapoler la capacité anaérobie lactique ou endurance anaérobie lactique qui est la faculté de soutenir un pourcentage important de la Puissance pic (P_{pic}). Une résistance de 100 g par kilogramme de poids corporelle est préférable dans une population sportive moyenne (Vandewalle et coll., 1987). Et la puissance maximale anaérobie lactique ainsi obtenue est exprimée par la formule du test de « force-vitesse » vu précédemment :

- $Pmax_{al} = (0,5*V_0)*(0,5*F_0/2) = 0,125*(V_0*F_0)$.

Et la capacité par la formule :

- $Cmax_{al} = F_0*d$ (nombre de tour de pédale multiplié par la distance faite par tour).

La quantité de travail réalisée pendant les 30 secondes de l'épreuve est présentée comme une estimation de la capacité maximale anaérobie, c'est-à-dire de la quantité maximale de travail pouvant être réalisée grâce à l'énergie fournie par le métabolisme anaérobie alactique et lactique. En effet, ce test rend difficilement compte de la capacité anaérobie lactique car elle est difficile à distinguer de celle du métabolisme anaérobie alactique en raison de l'intervention quasi-immédiat de la glycolyse dès les premières secondes de l'exercice. De surcroît, la capacité anaérobie alactique prend en compte la puissance maximale observée dans les cinq premières secondes des 30 secondes que dure l'exercice et la capacité anaérobie lactique prend en compte la puissance moyenne sur les 30 secondes.

La baisse de puissance constatée au cours du *Wingate test*, qui est la différence entre le pic de puissance (P_{pic}) et sa valeur la plus basse pendant l'épreuve divisée par le temps écoulé entre ces deux valeurs, est un indice de fatigabilité. Une corrélation positive a été trouvée entre ce dernier et le degré d'hypertrophie des fibres musculaires de type rapide (Bar-Or et coll., 1980). Par ailleurs, un entraînement spécifique permet d'améliorer les paramètres relevés lors du *Wingate test* et de celui du DMOA (Chromiak et coll., 2004).

Limites

Certaines études (Vandewalle et coll., 1989, 1988) critiquent l'intérêt du *Wingate test* quant à l'exploration fonctionnelle du métabolisme anaérobie notamment en ce qui concerne sa validité et sa reproductibilité. La critique essentielle de la validité du pic de puissance comme estimation de la puissance maximale est d'ordre biomécanique car la détermination de la force de freinage d'un *Wingate test* qui soit *a priori* optimale est impossible. En outre, l'exigence de ce test empêche de le recommencer dans le cas où la force de freinage utilisée s'avérerait *a posteriori* trop différente de la force optimale. L'estimation de la puissance maximale anaérobie lactique est donc *a priori* moins précise que celles obtenues au moyen d'exercices plus brefs qui permettent la réalisation de sprint contre différentes forces de freinage dans une même séance. En ce qui concerne les critiques sur la reproductibilité de la mesure du pic de puissance, celle-ci est bonne (Patton et coll., 1985) alors qu'elle est mauvaise pour l'indice de fatigue.

Évaluation du métabolisme aérobie

Le métabolisme aérobie correspond au processus de régénération de l'ATP à partir de la dégradation complète des glucides (cycle Krebs), des lipides (β-oxydation) et parfois des acides aminés pour les performances de longue durée supérieure à trois heures. Il existe de nombreux tests de terrain ou de laboratoire permettant d'estimer la puissance (PMA) ou la vitesse (VMA) obtenue à la VO_2max, ce qui permet donc de l'estimer.

Le test Vam-éval (Cazorla & Léger, 1993)

Ce test a été mis au point par Georges Cazorla et Luc Léger. C'est un protocole identique au test de Léger et Boucher (1980) mais les plots sont séparés de 20 m sur la piste de 400 m. Durant cet exercice de course, la vitesse est augmentée de 0,5 km/h toutes les minutes. On obtient ainsi le volume de dioxygène consommé en faisant le produit entre la vitesse atteinte en « $km.h^{-1}$ » et le coût énergétique moyen en millilitres de dioxygène (O_2) consommé par minutes et par kg de poids qui est de 3,5. D'où :

- $VO_2max = 3{,}5*V$ (km/h).

Le test Léger Boucher (Léger et Boucher, 1980)

C'est une variante du test navette qui se fait sur une piste de 400 m avec des plots espacés tous les 50 m ou sur une piste de 200 m avec des plots présents tous les 25 m. La condition à respecter pour que le test se poursuive est que le sportif doit être présent en face du plot lors du signal sonore. Durant cet exercice de course, la vitesse est augmentée de 1 km/h toutes les deux minutes. Le test est terminé lorsque le sportif est en retard au moment du bip sonore. Il vient :

- $VO_2max\,(ml.min\text{-}1.kg^{-1}) = 14{,}49 + 2{,}143*v + 0{,}0324*v^2$

Pour des enfants :

- $VO_2max\,(ml.min\text{-}1.kg^{-1}) = 22{,}859*vma - 0{,}8664*âge + 0{,}0667*âge*vma$

Le test-navette de 20 m de Luc Léger (1982)

C'est un test de terrain d'intensité progressive, accessible à tous et permettant d'évaluer un grand nombre de sportifs en même temps. Ce dernier doit réaliser en courant des allers-retours sur 20 m en fonction de la vitesse déterminée par des bips sonores pré-enregistrés dont l'intervalle de temps diminue toutes les deux minutes. À chaque bip le sujet doit avoir un pied sur la ligne. C'est un test adapté aux sports collectifs notamment de par ses inconvénients, c'est-à-dire un blocage mécanique lors des changements de direction, une cassure de la vitesse c'est-à-dire qui a pour conséquence une rupture de l'état stable du volume de dioxygène consommé, une mise en jeu du métabolisme anaérobie à chaque relance et une lassitude des allers-retours notamment dans les sports collectifs de petit terrain. Ce test-navette (Léger, 1982), permet une bonne corrélation avec les tests de laboratoire pour le calcul du VO_2max. Il vient :

- VO_2max (ml.min-1.kg^{-1}) = 5,86*v – 19,46

Pour des enfants de moins de 18 ans :

- VO_2max (ml.min-1.kg^{-1}) = 31,025 + 3,238*vma – 3,248*âge + 0,156*âge*vma

Le test de Cooper (1968)

C'est l'un des tests les plus connus dans le monde sportif. Il s'agit pour le sportif d'adopter la vitesse qu'il souhaite afin de parcourir la plus longue distance possible en 12 minutes (d_{12}). D'où la formule pour calculer le VO_2max :

- VO_2max (ml.min-1.kg^{-1}) = 22,351*d_{12} – 11,288

Ces différents tests de laboratoire ou de terrain permettent d'évaluer des métabolismes énergétiques et déterminent des possibilités énergétiques pour une base référentielle, contrôler la forme du sportif et pour élaborer ou réorienter un programme d'entraînement. De nombreux tests existent donc mais ces derniers sont parfois inadaptés au sportif en fonction du sport pratiqué, de son niveau sportif ou du métabolisme énergétique à explorer.

Tableau n° 7. Comparaison des différents tests d'évaluation du processus aérobie.

Accessibilité des tests de 1 à 4 (d'après Cazorla)	Matériel	Compréhension et réalisation du protocole	Durée	Nombre de participants	Nombre d'évaluateurs
Vam-éval (Vaméval)	1 piste circulaire avec des postes disposés tous les 20 m 1 pré-enregistrement Un poste sonore	Facile et bien expliqué	10 à 20 min	Nombre important (de 30 à 80)	1 ou + suivant le nombre d'évalués
Course sur piste de Léger-Boucher	1 piste circulaire avec des postes disposés tous les 50 m 1 pré-enregistrement Un poste sonore	Facile et bien expliqué mais vitesse difficile à ajuster car les plots sont espacés de 50 m	10 à 30 min	Nombre important (de 20 à 50)	1 ou + suivant le nombre d'évalués
Course-navette 20 m	1 piste 1 pré-enregistrement	Facile et bien expliqué	15 à 20 min	Dépend de l'espace disponible	1
Cooper	1 piste + 1 chronomètre	Très facile	12 min	10 à 20 au maximum	1

QUESTIONS

1. Quels sont les intérêts des tests de terrain pour optimiser l'entraînement ?
2. À quel moment les performances maximales du sportif peuvent-elles être atteintes ?
3. À quel moment atteint-on le pic de vitesse ? Pourquoi ?
4. Citez un test permettant d'évaluer le métabolisme anaérobie alactique ? Expliquez ?
5. Comment pouvez-vous caractériser les tests relatifs au métabolisme anaérobie alactique ?
6. Après un exercice court et intense, en combien de temps les stocks de phosphagènes sont-ils reconstitués ?
7. Citez un test permettant d'évaluer le métabolisme anaérobie lactique ? Expliquez ?
8. Qu'est-ce que le Wingate test ?
9. Citez un test permettant d'évaluer le métabolisme aérobie ? Expliquez ?

CHAPITRE 5
PLANIFICATION

Youcef Alanbagi

La charge d'entraînement

La charge d'entraînement constitue le socle de la périodisation de l'entraînement car elle permet de maîtriser et prédire les adaptations potentielles aux différents entraînements, de gérer les interactions entre les périodes de préparation et les périodes de compétitions. Elle permet aussi de gérer au mieux tant les limites de sous-charge, lorsque les charges d'entraînement sont insuffisantes pour maintenir les capacités de performances du sportif, que les limites de surcharge qui indiquent un dépassement des capacités du sportif par l'entraînement qu'il subit. Il existerait donc un niveau optimal de charge spécifique pour chaque sportif. C'est pourquoi nous pouvons mettre en avant le principe de charge efficace. En effet, pour qu'un stimulus soit efficace, il faut qu'il atteigne un optimum dans une courbe dite en «U inversé» et qu'il dépasse un certain seuil. Celui-ci dépend de la qualité sollicitée, du niveau d'entraînement, de la forme du sportif et des besoins de l'activité.

Les effets de l'entraînement sur la performance sont complexes à mesurer et constituent une des problématiques majeures de l'entraînement. En effet, il est important de constater que l'aptitude d'un athlète à accomplir des performances est la conséquence d'un long processus d'adaptation à l'entraînement (Werchoschanski, 1992). De plus, l'efficacité d'une périodisation de l'entraînement repose sur des principes de charge et de décharge qui sont souvent liés à l'expérience et de manière empirique et qui soumettent le sportif à des contraintes importantes. Cette dernière se complexifie avec le niveau d'expertise et prend en compte différents paramètres et convoquent différents membres de l'entourage de ce dernier. Ainsi, un niveau de pratique élevé l'amène à subir d'importantes charges d'entraînement se concrétisant à travers des séances quotidiennes et hebdomadaires toujours plus nombreuses. Cependant, l'augmentation de la charge d'entraînement qui a pour objectif principal d'améliorer la performance, l'expose également à des risques de blessures, de surmenage voire de surentraînement. Mais pour appliquer ce principe de charge efficace, l'entraîneur dispose de plusieurs méthodes.

Méthode de planification *traditionnelle*

Nous avons la méthode de planification traditionnelle. Par exemple, nous pouvons nous baser sur une programmation sportive annuelle avec une période foncière suivie d'une période spécifique et d'une période terminale ou dite compétitive. Il s'agira dans un premier temps de travailler sur le volume et de laisser en retrait l'intensité, puis durant la partie spécifique, d'établir un croisement en permettant une augmentation de l'intensité des charges d'entraînement et une diminution du volume pour aller vers une augmentation de l'intensité et une baisse de volume lors de la période compétitive. C'est ce qu'on appelle la période d'affûtage.

Méthode de planification *prioritaire*

Nous retrouvons également une deuxième méthode de planification qui est dite « prioritaire ». C'est un modèle à variable constante car il y a alternativement prédominance du volume ou de l'intensité. Nous pouvons retrouver cette planification à dominante qualitative si la variable d'ajustement concerne le volume d'entraînement et nous avons la planification à dominante quantitative si la variable d'ajustement est ici l'intensité. Dans ce cas, le volume d'entraînement est une valeur constante.

Méthode de planification à ajustements *permanents*

Nous retrouvons également un troisième type de planification qui est axé sur des modèles à ajustements permanents. En effet le volume et l'intensité se croisent permanence selon les bilans d'étape effectués par l'entraîneur avec son athlète mais également en fonction des évaluations faites tout au long de l'entraînement. Des feedbacks de ce qui est réalisé à l'entraînement sont relevés ou donnés par l'entraîneur pour permettre un réajustement *in situ* de l'entraînement.

Le microcycle

Un microcycle d'entraînement est constitué par un groupe de séances réparties sur plusieurs jours, et destinées à aborder un point particulier à une étape donnée de la préparation. Dans la méthodologie de l'entraînement, même si le microcycle peut aller jusqu'à 10 jours, le microcycle idéal est de sept jours car il s'adapte au mieux au rythme de vie de l'athlète et à son organisation.

Cinq types de microcycles

Nous pouvons distinguer cinq types de microcycle selon l'objectif poursuivi et le niveau de sollicitation envisagé :

- Le microcycle de reprise a pour but de préparer l'appareil locomoteur passif à un travail d'entraînement intense. Son niveau de sollicitation est faible et dure en général deux semaines et constitue la première étape du processus d'entraînement.
- Le microcycle de développement a pour but de stimuler les processus d'adaptation de l'organisme. Le niveau de sollicitation est élevé et constitue une part très importante de la période de développement et peut être utilisé en période de compétition.
- Le microcycle d'affûtage a pour but de faciliter l'obtention de la forme sportive la plus élevée. Le niveau de sollicitation est très varié, mais l'orientation générale est tournée vers la récupération, grâce notamment à une diminution importante du volume d'entraînement.
- Enfin, celui de compétition a pour objectif de gérer la forme sportive de façon optimale selon le programme de compétition et les objectifs fixés. Le niveau de sollicitation est relativement faible et il s'agit essentiellement d'un travail d'entretien des qualités physiques.

- Le microcycle de récupération qui doit permettre à l'organisme de se reposer à la fin d'une série de microcycles de développement. Le niveau de sollicitation est faible et une large part est réservée aux procédés de repos actifs ou passifs.

Lors du cycle de récupération, pour que l'organisme retrouve son niveau initial de performance, l'alternance entre la charge d'entraînement et le repos doit être ajustée de manière raisonnée car avec l'entraînement, les capacités de performance diminuent. Ce processus est une étape importante de l'entraînement car si le repos est trop important, cela aboutit au sous-entraînement et s'il est mal géré, cela peut conduire au surentraînement. Cette récupération est comprise tant dans la séance en elle-même avec l'alternance effort/repos dans le cadre des séries de travail musculaire qu'après la séance proprement dite, d'où une prise en compte selon des temporalités différentes. Ainsi, les capacités d'adaptation de l'organisme entrent en jeu pour provoquer le phénomène de surcompensation.

Principes d'élaboration d'un microcycle

Le premier principe à respecter dans l'élaboration d'un microcycle est celui de l'alternance. En effet, une séance d'entraînement difficile ne peut être menée seulement si la récupération est au moins partielle de la séance précédente. Le rôle de l'entraîneur est ici important et c'est cette connaissance empirique de ses séances qui lui permet de gérer au mieux cette alternance. L'estimation de la charge externe peut s'avérer ici intéressante. Ce principe d'alternance concerne également les différentes filières énergétiques. En effet, un entraînement en musculation a des impacts sur les aptitudes anaérobies mais également à un niveau moindre, sur les qualités aérobies et donc la prise en compte de ces différents impacts doit être réalisée pour estimer au mieux la durée nécessaire de récupération car il existe un effet cumulatif de la fatigue. Concrètement, si une séance de musculation a de toute évidence un impact moyen sur l'aptitude anaérobie, l'enchainement de plusieurs séances successives aura un impact important.

Le macrocycle

Un macrocycle d'entraînement est un ensemble constitué de cinq microcycles permettant d'assurer le développement d'une aptitude particulière, qu'elle soit d'ordre physique, technique ou tactique. C'est une terminologie empruntée à Bompa car d'autres auteurs comme Platonov utilisent le terme de mésocycle. Dans notre propos, ils seront ici synonymes. Les objectifs d'un macrocycle sont atteints grâce à la contribution de tous les microcycles car elles en sont les organisatrices. Ce principe d'alternance est toujours présent car de la même manière qu'un microcycle peut être caractérisé par un profil particulier intégrant ce principe d'alternance, un macrocycle peut être organisé selon des schémas pouvant être très différents en fonction des objectifs poursuivis et du calendrier de compétition.

La durée d'un macrocycle ou le nombre de microcycle qu'il contient varie en fonction de l'activité physique pratiquée, des aptitudes à développer, mais également de la période concernée. Il est admis qu'un macrocycle permettant de développer un système d'énergie de type anaérobie ou aérobie sera plus long qu'un macrocycle à orientation neuromusculaire ou psychologique. Ainsi, des différences apparaissent entre des activités où les périodes de compétition sont courtes et ciblées avec des macrocycles de développement assez longs alors que dans les activités ayant une période de récupération assez longues comme dans les sports collectifs avec la coupure estivale, le macrocycle de développement sera forcément plus court. Quelques exemples récents nous montrent que les footballeurs professionnels qui abordent la nouvelle saison sans avoir complètement réalisé la pré-saison sont en difficulté durant les premiers matchs et sont plus sujets à des blessures que leurs partenaires. De fait, au-delà de ce cycle de développement, c'est bien sur le domaine prophylactique que ce macrocycle de développement intervient également. Ainsi, ce sont les facteurs de la performance et l'organisation du calendrier sportif qui doivent orienter l'encadrement dans la détermination de la durée des macrocycles et donc des microcycles.

À l'instar des microcycles, il est possible de distinguer quatre macrocycles selon l'objectif poursuivi et le niveau de sollicitation envisagé. Ainsi, le macrocycle de reprise a pour but de préparer l'appareil locomoteur passif à un travail d'entraînement intense. Ce sont surtout les microcycles de reprise qui le composent. Ensuite, le macrocycle de développement, qui est abordé dans le cadre communément appelé du travail foncier, a pour but de stimuler les processus d'adaptation de l'organisme. Il est généralement constitué de microcycles de développement alternés avec des microcycles de récupération. En outre, nous pouvons également distinguer le macrocycle spécifique qui a pour but de transférer les aptitudes développées vers l'activité de compétition proprement dite. Comme le macrocycle de développement, il est constitué de microcycles de développement et de récupération. Enfin, nous retrouvons le macrocycle de compétition dont l'objectif premier est d'optimiser les aptitudes développées préalablement lors des compétitions. Ici, les formes de travail de type simulé sont prédominantes. Il s'agit de se rapprocher au plus près de ce qui est réalisé en compétition avec une part importante donnée à la préparation tactique, mentale et vidéo. Les microcycles d'affûtage et de compétition sont principalement utilisés avec bien entendu des phases de repos.

La période

L'objectif ultime de la planification de l'athlète est de parvenir au sommet de sa forme le jour J. Il est couramment admis que le développement de la forme sportive s'opère en trois phases : acquisition, stabilisation et régression. Durant la première phase, l'athlète augmente les possibilités de ses principaux systèmes fonctionnels, en même que se réalisent les acquisitions techniques, tactiques et mentales. Au cours de la deuxième phase, l'athlète suit un entraînement spécifique coordonnant les aptitudes qui déterminent directement le résultat sportif tout en augmentant la capacité de performance. Deux éléments y participent à travers une meilleure utilisation des qualités développées mais aussi par une diminution importante de la fatigue cumulée lors de la phase d'acquisition. Cette période de forme optimale n'a qu'une durée limitée et est toujours suivie d'une période de régression.

Généralement, un cycle d'entraînement est composé de plusieurs périodes calquées sur ces phases de développement de la forme sportive : période de préparation, de compétition et transitoire qui sont répétés une ou plusieurs fois durant l'année en fonction de l'activité physique pratiquée. L'appellation utilisée aujourd'hui est la périodisation simple lorsque ce cycle est utilisé une seule fois et de périodisation double ou triple lorsqu'il est utilisé deux ou trois fois et la part relative de chaque période dépend du type de périodisation. En nous basant sur les Jeux olympiques d'été 2016 qui se déroulent au mois d'août, nous pouvons proposer cette dynamique des périodes de préparation (P), de compétition (C) et d'affûtage (A) au cours d'une périodisation simple, double ou triple. La transition d'un mois arrive après les JO.

Tableau n° 8. Exemple de dynamique des périodes préparation (P), de compétition (C) et d'affûtage (A) au cours d'une périodisation simple, double ou triple en fonction des Jeux olympiques d'été 2016.

Périodisation	**Mois**											
	Se	**Oct**	**Nov**	**Déc**	**Jan**	**Fév**	**Mars**	**Avril**	**Mai**	**Juin**	**Jui**	**Août**
Simple (athlète déjà qualifié pour les JO)	T			P		C	T		P		C A	JO
Double (Deux Phases qualificatives pour les JO)			P		C PQ1	T		P		C PQ2	A	JO
Triple (Trois phases qualificatives)		P		C PQ1		T P	P	C PQ2	P		C PQ3 A	JO

La période de préparation

C'est en général la période la plus longue et parfois la plus exigeante car le niveau de sollicitation est très important. Deux périodes de préparation peuvent être distinguées. Une générale qui utilise essentiellement des macrocycles de développement et une spécifique qui utilise prioritairement des macrocycles spécifiques. C'est à ce moment-là qu'il convient d'apporter la plus grande attention au suivi de la charge interne car 79 % des cas de surentraînement apparaissent à ce moment du programme d'entraînement. En effet, L'augmentation de la charge de travail et de la monotonie peut engendrer un syndrome de surentraînement. C'est pourquoi il est toujours important de préserver une certaine variation de la charge d'entraînement durant la semaine de façon à diminuer l'index de monotonie (Foster, 1998). L'entraîneur doit ainsi varier les séances en intensité, en volume et en thématiques de travail. De plus, la contrainte de l'entraînement est le produit de la charge d'entraînement totale de la semaine avec l'index de monotonie de la semaine. C'est-à-dire que pour une charge d'entraînement donnée par semaine, plus la monotonie augmente et plus la contrainte augmente. Inversement, pour une monotonie donnée, l'augmentation de la charge de travail augmente la contrainte. Foster (1998) a en effet montré que les problèmes de santé du sportif (maladie, blessure, fatigue, troubles digestifs) survenaient très souvent lorsque les indices de monotonie et de contrainte atteignaient des valeurs anormales.

La période de compétition

Pendant cette période, l'entraînement doit maintenir voire élever le niveau de préparation spécifique et favoriser l'exploitation optimale de celle-ci en compétition. Cette période ne se met en place que par l'utilisation des macrocycles de compétition et est organisée en fonction du calendrier des compétitions, mais également de leurs caractéristiques spécifiques (nature, nombre, horaire). De façon générale, les quatre microcycles précédant la période de compétition doivent être structurés sur un rythme analogue à celui qui prévaudra pendant cette période, c'est-à-dire en respectant la même répartition des journées de repos et de travail intense et en réalisant les séances de travail intense au même horaire que celui des compétitions.

La planification des compétitions à l'intérieur de cette période est un exercice complexe. Nous distinguons deux cas. Le premier concerne les compétitions avec des phases qualificatives où la performance doit être au rendez-vous pour pouvoir se qualifier pour des phases finales. Il s'agit ici de proposer des périodes de quatre à six semaines suivies de des compétions qu'on renouvellera. Le second correspond aux compétitions se déroulant sur plusieurs mois comme c'est le cas pour les championnats où le calendrier est fixé à l'avance par les instances dirigeantes et parfois par les diffuseurs. Dans ce cas, la planification est hebdomadaire voire bimensuel. Il faut toujours garder à l'esprit que peu importe la durée séparant deux compétitions, la structure de l'entraînement doit rester identique à savoir qu'elle consiste à enchainer des microcycles de récupération, de développement, d'affûtage et de compétition. Seule la durée desdits microcycles diffère puisqu'elle peut varier comme nous l'avons mentionné plus haut de quelques jours à deux semaines.

La période de transition

L'objectif principal de cette période, comme l'indique son nom, est d'apporter un repos satisfaisant après les efforts d'entraînement et de compétition durant l'année ou du macrocycle précédent tout en maintenant un niveau d'entraînement suffisant pour que le macrocycle suivant démarre dans de bonnes conditions. Sa durée est comprise entre quatre et huit semaines en fonction du niveau atteint par l'athlète mais également en fonction de la durée et de l'intensité de la période de compétition. Celle-ci doit être d'autant plus longue si l'athlète a été sollicité de manière importante, tant physiquement que mentalement au cours de la période de compétition. Cette période est principalement organisée par un macrocycle de reprise où l'alternance entre les repos actifs est présente et sa durée peut varier de trois semaines à deux mois. Il s'agira quoi qu'il arrive de se vider l'esprit, tout le point sur les priorités afin d'attaquer au mieux la nouvelle saison en ayant un état d'esprit alerte et conquérant.

La période d'affûtage et de forme

La période de forme est le résultat d'une combinaison optimale entre les qualités physiques, psychologiques et technico-tactiques de l'athlète et dure environ deux semaines. Elle peut être répétée une deuxième voire une troisième fois durant l'année si elle est suivie d'un microcycle de récupération, de trois macrocycles de développement et d'un microcycle d'affûtage avant de recommencer les compétitions. De fait, il est nécessaire de planifier soigneusement les compétitions principales où il s'agira de gagner des compétitions secondaires de préparation ou de qualification. Durant cette période, les performances de l'athlète sont les plus optimales, tant sur les plans physiques que psychologiques. Les performances chiffrées en attestent, mais d'autres marqueurs physiologiques comme le VO_2max ou les tests de terrain peuvent tout autant l'objectiver. De nombreux éléments peuvent être pris en compte pour essayer de déterminer cette période de forme. Le premier est que pendant la période d'affûtage au cours de laquelle le volume d'entraînement est progressivement réduit jusqu'à 70 % du volume habituel, de façon à diminuer le niveau de fatigue tout en maintenant celui de la condition physique car l'intensité de l'entraînement est conservée. Ensuite, il faut chercher à maintenir les qualités physiques plus qu'à les développer. En effet, le niveau de sollicitation est beaucoup moins important que dans la période de développement avec l'accent mis sur la récupération. Enfin, bien que le volume d'entraînement, c'est-à-dire la charge externe soit réduite, après chaque compétition, un microcycle de récupération de quelques jours doit être observé pour conserver le plus longtemps possible la période de forme.

Charge interne et externe de l'entraînement

Comme nous l'avons vu précédemment, la charge d'entraînement est l'unité élémentaire du processus d'entraînement. C'est un concept qui représente ce que coûte l'activité pour l'athlète qui la pratique. Exprimée traditionnellement en intensité et en durée lorsqu'elle est centrée sur l'activité, elle devient plus objective si elle était centrée sur le sportif. La charge d'entraînement peut être caractérisée comme l'expression de l'activité de l'athlète confronté aux exigences de l'entraînement et correspond donc à l'activité réelle du sportif et peut également être une mesure subjective que nous considérons comme la charge interne. En effet, cette charge d'entraînement n'est pas uniquement inhérente à l'exercice, mais plutôt le résultat de l'interaction des exigences de l'activité, des circonstances dans lesquelles sont mobilisées les capacités, les comportements et les perceptions du sportif. Une distinction est généralement faite entre la charge externe et la charge interne.

Charge externe

La charge externe correspond aux caractéristiques de l'exercice comme nous venons de le montrer. Elle est sous la responsabilité des préparateurs physiques qui doivent gérer les exercices notamment au niveau de la fréquence, de la durée, de leur intensité mais également de la durée et des modalités de récupération. Ils doivent aussi gérer des microcycles et des mésocycles notamment à travers les objectifs, la durée, l'alternance et la progressivité. Ainsi, la charge externe permet de contrôler l'entraînement de manière longitudinale et de vérifier en permanence les charges d'entraînement aux capacités du sportif est de modifier les contenus à partir de différents feedbacks pour prévenir le surentraînement. C'est la répétition organisée de ces adaptations qui permet la mise en place de certaines adaptations chroniques.

Charge interne

De manière complémentaire, le suivi d'entraînement est assuré par le staff médical. Ses membres doivent superviser la charge interne en analysant et en surveillant les modifications corporelles induites par les charges externes de l'entraînement. Le suivi de l'entraînement permet d'établir des bilans d'étapes après des périodes prolongées d'entraînement pour en apprécier les effets et rendre compte des différentes adaptations techniques, organiques et mentales requises par la performance. Ce dernier est réalisé à partir des caractéristiques morphologiques comme le poids, la taille ou le pourcentage de masse grasse et de masse maigre mais également à travers les capacités physiques et spécifiques du sportif comme sa puissance ou sa vitesse également. De la même façon, ses capacités physiologiques doivent être prises en considération.

Relation entre la charge d'entraînement et la capacité de performance

La relation entre la charge d'entraînement et la capacité de performance est en forme de U inversé (Rowbottom et al., 1998). Il existe un seuil individuel à partir duquel toute augmentation de la charge d'entraînement ne se traduit plus par une augmentation de la capacité de performance, mais par une stagnation, puis une diminution. On distingue deux étapes à partir de cette rupture. La première concerne le dépassement. C'est une diminution de la performance provoquée par une fatigue aiguë liée à la charge d'entraînement et à d'autres facteurs de stress (Kreider et al., 1998). Dès lors, associée à la notion de coût, la fatigue s'objective à terme par une dégradation du niveau de performance qui concerne aussi bien le potentiel énergétique et neuromusculaire que les aspects subjectifs tels que la motivation ou le stress. À ce propos, l'entraîneur dispose de plusieurs leviers pour faire naître cette motivation ou l'entretenir pour garantir la persévérance et trouver les ressources nécessaires chez le sportif pour éviter une dégradation des performances. Il peut développer la motivation intrinsèque (MI) en leur permettant de relever des défis, de se surpasser ou de se fixer des objectifs personnels et collectifs à atteindre (motivation à l'accomplissement). Il peut développer la MI en leur permettant de se situer au niveau de leurs progrès et donc de satisfaire ainsi leur désir d'apprendre, d'être acteur de leur entraînement (motivation liée à la connaissance). Il les aide à construire cette capacité à s'auto-évaluer pour être lucide, critique et autonome dans leur entraînement au quotidien et pour avoir les moyens de se projeter dans la carrière sportive et professionnelle à venir. Le développement de la motivation intrinsèque liée au plaisir, en contournant les routines de fonctionnement, en amenant de la nouveauté ou des jeux, est également un moyen intéressant pour développer la motivation. Il peut également permettre le développement du sentiment de compétence du sportif lorsque ce dernier réussit une tâche donnée qui a de la valeur à ses yeux.

Estimation de la charge externe

Pour estimer la charge externe, il est nécessaire de multiplier un indicateur de volume par un indicateur d'intensité ou de difficulté. C'est en général la durée d'effort, exprimée en minutes, qui est utilisée pour quantifier le volume des exercices ou de l'entraînement. L'indicateur d'intensité varie selon les auteurs. Certains proposent d'utiliser le pourcentage de la fréquence cardiaque de réserve et de pondérer la charge ainsi calculée par un facteur tenant compte de l'intensité et du sexe. Cependant, cette méthode n'est pas valide pour les efforts maximaux et sous-maximaux car la fréquence cardiaque maximale est atteinte en moyenne entre 85 et 90 % du VO_2max et n'est donc plus un indicateur pertinent de l'intensité au-delà de ces valeurs. Pour Foster (1998), l'utilisation d'une échelle de perception de la difficulté de l'effort au moyen de l'échelle de Borg qui comporte dix points peut s'avérer utile. C'est une méthode accessible facilement, globale et ne nécessitant aucun matériel. Cependant, son interprétation réside pour une grande part dans sa subjectivité qui peut constituer une source d'erreur non-négligeable. Ainsi, le principe général permettant de déterminer la charge externe consiste à multiplier un indicateur de volume par un indicateur d'intensité. Afin d'obtenir une accumulation d'effets positifs, il est nécessaire de respecter certains principes d'entraînement. En effet, Il faut que la charge d'entraînement dépasse un certain seuil qui correspond au niveau de sollicitation pour provoquer une augmentation de la capacité de performance. Si la charge d'entraînement est inadaptée (intensité, durée, fréquence...), l'organisme ne sera pas perturbé (stress) et les adaptations ne pourront donc se faire. En outre, Il est possible qu'il se produise une stagnation des potentialités du sportif voire une régression, c'est le surentraînement si l'organisme subit une trop forte perturbation. Ce principe de surcompensation doit prendre en compte certains paramètres à savoir la nature de l'exercice, l'intensité du travail, la durée de l'exercice, le nombre de séries et de répétitions, la durée et la nature de la récupération entre les séries.

Estimation de la charge interne

En ce qui concerne la charge interne, il s'agira de contrôler le niveau de fatigue de sorte qu'il soit suffisamment important pour induire les adaptations recherchées, sans dépasser le seuil à partir duquel l'athlète risque le surentraînement. Le suivi psychologique individualisé peut constituer une alternative intéressante et pertinente au regard de la difficulté à détecter le surentraînement via des marqueurs biologiques difficiles d'accès. Nous détaillerons ces éléments dans la partie *Contrôle et suivi de l'entraînement*.

La récupération

La récupération de la capacité de performance nécessite plusieurs jours à plusieurs semaines de repos. Le manque de récupération peut générer le surentraînement. Il s'agit d'une diminution de la capacité de performance provoquée par une fatigue chronique liée à la charge d'entraînement et aux autres facteurs de stress (Kreider & al., 1998). Dans le cas du surentraînement, la récupération du niveau initial est beaucoup plus longue, puisqu'elle nécessite plusieurs semaines à plusieurs mois (Bosquet, 2000).

QUESTIONS

1. Citez trois méthodes de planification.

2. Quelle est la durée d'un microcycle ?

3. Quels sont les principes d'élaboration d'un microcycle ?

4. Définir la période de préparation ?

5. Définir la période d'affûtage ?

6. Qu'est-ce que la charge externe liée à l'entraînement ? Comment l'estimer ?

7. Qu'est-ce que la charge interne ? Comment l'estimer ?

CHAPITRE 6

MODÉLISATION DES EFFETS DE L'ENTRAÎNEMENT

Youcef Alanbagi

Dans la majorité des cas, les entraîneurs ont comme préoccupation principale de maîtriser les interactions entre l'entraînement et la performance. Souvent basées sur leurs expériences au contact des athlètes, leurs prédictions se rapprochent souvent de la réalité. Il existe cependant des modèles mathématiques, systémiques, pour décrire et prédire les effets des entraînements sur les performances. Ces derniers mettent en avant que chaque séance tend à faire évoluer l'aptitude et la fatigue et que leur différence détermine le niveau de performance (Banister & Hamilton, 1985). Loin d'être l'outil miracle et malgré la tentation de déléguer la maîtrise de l'entraînement par les machines et les modèles mathématiques, ces modèles prennent de plus en plus d'importance dans l'évolution du monde scientifique relatif aux méthodologies de l'entraînement. Nonobstant, ces outils ne doivent pas faire oublier que le processus d'entraînement est un ensemble complexe et multifactoriel où différents éléments interagissent. C'est dans cette optique qu'il faut utiliser ces modèles mathématiques afin qu'ils apportent une aide à la décision, sans pour autant en détenir toute la vérité. Nous sommes aujourd'hui sur une tendance à déterminer la capacité de performance de l'athlète en tant que probabilité à pouvoir réaliser un haut niveau de performance plutôt que de prédire la performance maximale à un moment donné.

Quantification de la charge d'entraînement

Calvert et coll. (1976) ont quantifié la charge d'entraînement en natation. L'entraînement du nageur était composé d'exercices d'échauffement, d'exercices à basse intensité (nage lente) et d'exercices à forte intensité (répétitions de nage sur courte distance avec temps de récupération). Ils ont attribué des coefficients selon le niveau d'intensité de la nage pour calculer une charge d'entraînement en unités arbitraires d'entraînement (Arbitrary Training Units = ATU). En additionnant les ATU journalières, un profil des impulsions d'entraînement fut proposé. Cependant, cette méthode reste basique dans le sens où trois zones d'intensité ne suffisent pas à quantifier précisément la charge d'entraînement car durant une saison complète, les charges de travail varient sur une échelle d'intensité plus élevée.

Tableau n° 9. Modèle de quantification de la charge d'entraînement en natation (Calvert & coll., 1976).

Intensité de la nage	Nombre d'ATU attribuées pour chaque 100 m nagé	Exemples
Échauffement	1 ATU	500 m = 1*5 = 5 ATU
Basse intensité	2 ATU	8000 m = 2*80 = 160 ATU
Intensité élevée	3 ATU	500 m = 3*5 = 15 ATU
		Total séance = 180 ATU

Le modèle de Foster (1998) a amélioré celui de Calvert et coll. (1976) en quantifiant la charge entraînement à partir de la perception de l'effort perçu par le sportif. L'intensité de l'exercice étant déterminée avec l'échelle d'évaluation de la difficulté de l'exercice CR10 de Borg (Borg & coll., 1982) et modifié par Foster et coll. (1996). Cette méthode permet de prendre en compte la charge externe mais également la charge interne du sportif. Cette dernière, très simple d'utilisation, consiste à relever la durée totale de la séance d'entraînement puis d'en évaluer subjectivement la difficulté globale ressentie par l'intermédiaire de l'indice de perception de l'effort (RPE), au moyen d'une échelle psychométrique en dix points. Cette utilisation des échelles de perception de l'effort est simple à mettre en place, ne nécessite pas un équipement particulier, respecte le principe d'individualisation car elle s'adresse au sportif de manière particulière.

Tableau n° 10. Échelle psychométrique de perception de l'effort (RPE)

(Foster & coll., 1996)

Cotation		Description verbale
1		Très léger
2		Léger
3		Modéré
4		Légèrement dur
5	Correspond au seuil d'accumulation de l'acide lactique (ACSM, 1995)	Dur
6		
7		Très dur
8		
9		Très très dur
10		Similaire à la compétition vécue la plus difficile

Cette échelle comporte dix items de difficulté de l'exercice qu'il peut franchir. Le calcul de la charge entraînement correspond dans ce cas au produit de la durée de la séance par l'indice de difficulté de l'exercice. Par exemple, un cycliste effectuant une séance d'entraînement de deux heures à une intensité moyenne modérée (indice 3 du CR10) aura réalisé une charge de travail (en unités arbitraires «UA») de :

- Charge d'entraînement = 3*120 = 360 UA (difficulté de la séance*durée).

Foster (1998) a également proposé le calcul d'un indice de variabilité de l'entraînement qui est corrélé avec la charge de travail permettant de déterminer des périodes de surentraînement. L'index de variabilité de l'entraînement est nommé « monotonie de l'entraînement ». Il est défini chaque semaine comme le rapport entre la charge d'entraînement moyenne d'une journée par rapport la déviation standard.

- Monotonie (M) = Charge moyenne journalière/Déviation standard

Par exemple, un judoka ayant une charge d'entraînement moyenne de 540 UA dans une semaine avec une déviation standard de cette charge moyenne de 365 UA a un index de monotonie de l'entraînement de 1,48 (M = 540ua/365ua = 1,48). L'augmentation de la charge de travail et de la monotonie peut engendrer un syndrome de surentraînement. Foster (1998) a montré qu'un indice de deux était la limite pouvant engendrer de la fatigue et du surentraînement et qu'un indice égal ou supérieur à 2,5 peut provoquer des blessures et fragiliser l'organisme qui devient ainsi sensible aux maladies. C'est la raison pour laquelle la préservation d'une certaine variation de la charge d'entraînement dans la semaine est importante afin de diminuer l'index de monotonie. En s'aidant de ces différents éléments, l'entraîneur peut donc moduler ses séances en variant les paramètres de volume, d'intensité et les thématiques de travail en les axant différemment sur le plan physique, technique ou tactique.

Le produit de la charge d'entraînement totale de la semaine avec l'index de monotonie de la semaine a été défini comme l'index de « contrainte de l'entraînement » de la semaine :

- Contrainte = charge d'entraînement totale de la semaine*monotonie

Pour une charge de travail d'entraînement donné par semaine, plus la monotonie augmente, plus la contrainte augmente. *A contrario*, pour une monotonie donnée, l'augmentation de la charge de travail augmente la contrainte. Il convient donc de contrôler les différents indices afin de ne pas conduire le sportif dans un état de surentraînement. Foster (1998) a montré que les problèmes de santé du sportif comme l'apparition soudaine de maladies, blessures ou de fatigue chronique surviennent très souvent lorsque les indices de monotonie et de contrainte atteignent des valeurs anormales. Une forte proportion des infections (> 80 %) a été associée à un dépassement du seuil individuel de charge subjective (Foster, 1998). L'utilisation de la méthode Foster (1998) laisse une grande part à la subjectivité individuelle. Un sportif peu expérimenté aura peut-être plus de mal à faire correspondre la difficulté qu'il va ressentir avec la cotation via l'échelle psychométrique. Pour mettre ces éléments en pratique, l'entraîneur peut utiliser le logiciel *Fitéval*. Ce dernier est un système complet de gestion de l'évaluation et du suivi de l'entraînement. Il intègre la méthode de quantification de l'entraînement développée et validée par Foster (1998) et permet de réaliser tous types de tests et de comparer les résultats et la progression. Cette méthode qui implique l'élève dans la quantification de la charge de travail a l'avantage de pouvoir être utilisée quotidiennement car l'intensité de chaque séance d'entraînement est dépendante de la réponse perceptive qu'il donne (Grappe, 2009).

Le TRIMP : Banister (1975)

Un autre modèle de référence permettant de quantifier la charge d'entraînement est le « TRIMP » (**Tr**aining **Imp**ulse, en unité arbitraire). Ledit modèle est utilisé comme indice du stimulus d'entraînement pour quantifier la charge d'entraînement de l'athlète en prenant en compte le volume, c'est-à-dire la durée du stimulus et l'intensité de la charge en fonction de la fréquence cardiaque maximale (FCmax), de la fréquence cardiaque de repos (FCrepos) et de la fréquence cardiaque durant l'exercice (FCex).

Modèle de quantification de la charge d'entraînement (Banister, 1975)

$$Trimp = W(t) = durée\ (t)*k*[(FC_{exercice}-FC_{repos})/(FC_{max}-FC_{repos})]$$

$$Trimp\ [W(t)] = t*k*x$$

$$Avec\ X = [(FC_{exercice}-FC_{repos})/(FC_{max}-FC_{repos})]$$

K est un coefficient pondérateur égal à :

$K = 0.86.e^{1,67*x}$ (pour les femmes)
$K = 0.64.e^{1,92*x}$ (pour les hommes)

Figure n° 25. Le « TRIMP ».
Modèle de quantification de la charge d'entraînement

k est un coefficient pondérateur exponentiellement croissant dépendant de la fréquence cardiaque durant l'exercice et de la cinétique d'augmentation des lactates au cours d'un exercice progressivement croissant (Green et al. 1983).

Prenons l'exemple d'un sportif possédant une fréquence cardiaque de repos (FCrep) de 45 bpm et une fréquence cardiaque maximale (FCmax) de 185 bpm. Ce dernier effectue un exercice de 60 minutes avec une fréquence cardiaque moyenne de 150 bpm. Ce qui donne :

- (150 – 45) / (185 – 45) = 0,75
- D'où $k = 0{,}64 * e^{(1{,}92*0{,}75)} \approx 2{,}53$
- Il vient : TRIMP = 60 (la durée) * 2,53*0,75 ≈ 114

Sa charge d'entraînement est donc de 114 TRIMPS.

Morton et Banister ont développé le concept de *charge limite* afin de prévenir tout état de dépassement pouvant être synonyme de surentraînement. Ils considèrent que la charge limite pour un athlète de niveau régional est de 125 TRIMPS quotidiennes et jusqu'à 250 TRIMPS quotidiennes durant un mois pour un sportif de haut-niveau.

Cette méthode peut s'avérer difficile à mettre en place en routine par rapport à la formule complexe de calcul. L'utilisation d'un fichier Excel peut donc devenir utile si un programme de calcul basique y est créé. Néanmoins, la réalité du terrain et les réponses perceptives du sportif sont peu prises en compte. De plus, la quantification de la charge d'entraînement par rapport aux fréquences cardiaques peut être imprécise car cette dernière est soumise à de multiples variations au repos, à l'exercice et à l'effort maximum. Pour l'évaluer précisément, il faudrait calculer les TRIMPS pour chaque plage d'intensité et en faire la somme. Cela peut s'avérer fastidieux à réaliser d'autant plus qu'au-delà des inconvénients que cela génère de porter un cardio-fréquencemètre, la fréquence cardiaque maximale est atteinte en moyenne pour des efforts réalisé à 85-90 % du VO_2max, ce qui ne permet pas d'en faire un indicateur valide lors d'effort à intensité maximale (100 % VO_2max) ou supra-maximal (> 100 % VO_2max) comme nous l'avons vu précédemment.

Ces différentes modélisations quantifient la charge d'entraînement à partir de la durée et de l'intensité de l'exercice. Elles utilisent comme variables quantitatives pour calculer la charge de travail, deux éléments choisis entre le volume d'entraînement effectué qui est estimé à partir d'une quantification horaire ou kilométrique et l'intensité de l'entraînement qui est quant à elle estimée à partir de la nature de l'exercice, du taux d'acide lactique, de la consommation d'oxygène ou de la fréquence cardiaque (FC).

Quantification de la charge d'entraînement et évaluation de l'efficacité de l'entraînement

La quantification de la charge d'entraînement permet donc à l'entraîneur :

- d'évaluer l'efficacité de son action auprès de ses sportifs.
- de la réévaluer.
- de réguler l'entraînement durant un cycle en l'individualisant.
- d'en contrôler l'impact à la fin d'un cycle en prévenant notamment les effets négatifs du surentraînement.
- de programmer l'entraînement à venir.

L'entraîneur prend en compte les intentions et les sensations du sportif qui devient également acteur dans la mise en œuvre et la maîtrise de son entraînement. Cela permet une amélioration générale de la quantité et de la qualité de l'entraînement du sportif à court, moyen et long terme en développant et optimisant ses ressources physiologiques, physiques, mentales et cognitives. Ainsi, la nécessité d'offrir une méthode de quantification de l'entraînement est indispensable afin d'organiser et de gérer rationnellement les charges de travail durant le processus d'entraînement des sportifs.

Prévision de la performance

Le modèle proposé par Banister et Hamilton (1985) avec leur système ouvert dans le cadre du marathon peut être utilisé. Le modèle proposé permet une évaluation des profils d'aptitude et de fatigue à partir des données quantifiées de la quantité de travail et de la performance. Cette estimation peut être un moyen d'apprécier les effets de l'entraînement sur l'organisme d'un sportif voire de prévenir l'installation d'un surentraînement.

De nombreux auteurs ont appliqué ce modèle de système ouvert pour analyser les relations entre les données de l'entraînement et les variations de performances. En natation, nous retrouvons celui de Chatard et coll. (1994), en ski de fond, celui de Candau et coll. (1992) ou encore en triathlon avec Millet et coll. (1994).

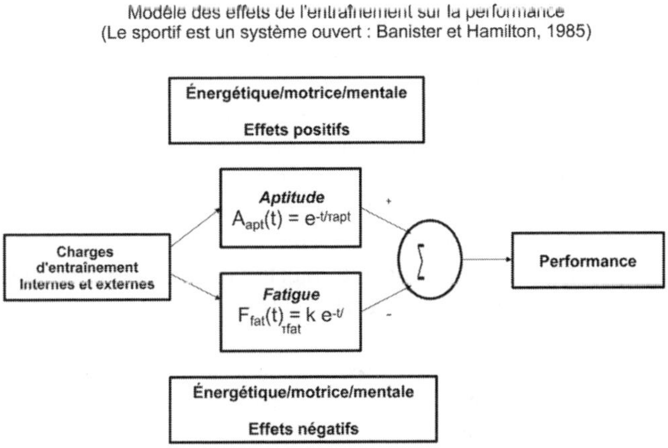

Figure n° 26. Modèle de prévision de la performance
(Banister et Hamilton, 1985)

L'intensité de l'entraînement [I(t)] a été quantifiée par la méthode de Banister et Hamilton (1985) selon le mode de calcul suivant :

- Intensité de l'entraînement = I(t) = W(t) / T (ua)
- W(t) est calculé si FCexercice > 120 puls/min
- T = temps total de la séance en heure pour un entraînement.

La capacité de performance [CP(t)] est estimée à partir de la différence entre le niveau d'aptitude physique [A(t)] et le niveau de fatigue [F(t)] à un moment donné du processus d'entraînement :

- Capacité de Performance = A(t) – k*F(t)
- Avec *k* : facteur affecté au niveau de fatigue.

Le niveau d'aptitude physique A(t) est obtenu à partir du produit de la charge d'entraînement et de la réponse physique à cette charge [RA(t)] :

- Niveau d'aptitude physique : A(t) = W(t)*RA(t)

- $RA(t) = e^{-t/\tau_{apt}}$

Avec τ_{apt} qui est une constante de temps de décroissance de l'aptitude physique (45 jours). Elle est individuelle et est déterminée pour chaque sujet par itérations à partir d'un modèle. Le niveau de fatigue F(t) est obtenu à partir du produit de la charge d'entraînement et de la réponse à la fatigue à cette charge [RF(t)] :

- Niveau de fatigue = W(t)*RF(t) où, $RF(t) = e^{-t/\tau_{fat}}$

Avec τ_{fat} qui est une constante de temps de décroissance de la fatigue (15 jours). Elle est individuelle et est déterminée pour chaque sujet par itérations à partir d'un modèle.

Il vient :

- Capacité de Performance : CP (t) = A(t) – k*F(t)
- D'où : CP(t) = [W(t)*RA(t)] – k*[W(t)*RF(t)]
- Soit : $CP(t) = [W(t)^{*}\ e^{-t/\tau_{apt}}] - k^{*}[W(t)^{*}\ e^{-t/\tau_{fat}}]$

Ce modèle propose une méthode de quantification globale de l'entraînement associée à un calcul des profils d'aptitude physique et de fatigue. Busso et coll. (1992) montrent l'utilité de ce modèle quant à la compréhension des réponses biologiques à l'entraînement. Cependant, prétendre qu'à une charge de travail donnée correspond toujours une même aptitude et une même fatigue est improbable. L'état du rapport entre l'aptitude et la fatigue du sportif, ainsi que les facteurs externes à l'entraînement peuvent altérer les relations entre les charges d'entraînement et la performance. Par exemple, un état de fatigue peut amplifier l'effet négatif de l'entraînement (Chatard & coll., 1994). De même que la modélisation nécessite des prises de performances régulières et en nombre suffisant (> 10) pour que l'ajustement des performances calculées à partir du modèle soit statistiquement significatif (*ibidem*, 1994).

QUESTIONS

1. Quel intérêt revêt la quantification de la charge d'entraînement dans le cadre d'un entraînement sportif ?
2. Calcul de la charge d'entraînement selon la méthode de Banister et Hamilton (1985) ?
3. Quels sont les charges d'entraînement en TRIMP pour Alonzo et Olivia sachant que ?

	FCrep	FCmax	FCmoy	Durée de l'exercice enminutes
Olivia	**50**	**185**	**160**	**75**
Alonzo	43	187	165	45

CHAPITRE 7

CONTRÔLE ET SUIVI DE L'ENTRAÎNEMENT

Youcef Alanbagi

L'un des objectifs de l'entraînement est de préparer physiquement l'athlète de la façon la plus optimale possible et de limiter les risques de blessures. Cette condition prophylactique doit se traduire méthodologiquement dans tous les registres d'intervention de la préparation physique. Celle-ci doit se réaliser au niveau de l'évaluation des ressources physiques du sportif, du renforcement musculaire, du développement des filières bioénergétiques, de la préparation aux coordinations spécifiques et de la programmation des contenus d'entraînement. L'idée étant de coupler harmonieusement les contenus d'entraînement avec les exigences et les contraintes physiologiques de la discipline sportive. Dans le choix de ses procédures et dans la mise en œuvre sur le terrain, l'entraîneur doit multiplier les approches prophylactiques.

Les protocoles d'échauffement et de retour au calme

À chaque contenu d'entraînement doit correspondre un protocole d'échauffement correspondant car chaque séance doit avoir son traitement propre de la mise en activité. Il en est de même pour chaque compétition où la réalisation des exercices d'échauffement doit permettre la mise en condition physiologique et psychologique optimale pour être le plus performant lors de l'épreuve. En effet, dans la pratique sportive, les dimensions bioénergétiques ont des implications variables en fonction du thème de la séance. De plus, le respect de cette relation méthodologique a de bonnes conséquences sur l'approche mentale du sportif pour sa séance. Généralement, nous pouvons proposer quelques séquences du protocole comme le stretching à froid pour les tendons ou la mobilisation segmentaire, le jogging à vitesse réduite ou une activation cardio-respiratoire progressive avec le rameur. Ensuite, le travail sur les gammes techniques de faible intensité visant les groupes musculaires spécifiques sont à solliciter pour terminer par des exercices de séquences techniques partielles ou globales à intensité progressive afin de se rapprocher au plus près de l'intensité à laquelle est vécue l'activité. La manière de s'échauffer doit obligatoirement correspondre à la séance que vous réalisez. Elle doit être spécifique pour réagir au mieux à la séance proposée. L'échauffement permet une élévation de la température corporelle et musculaire. Celle-ci augmente rapidement et se stabilise aux alentours de 5 min. Les muscles et les tendons sont à environ 37°Celsius au repos. À 39 °C, un rendement supérieur peut être. Ceci est dû à une baisse de la viscosité des muscles, à une augmentation de l'élasticité des tendons, de la souplesse musculaire, du débit sanguin des muscles actifs par un meilleur apport d'oxygène et un meilleur drainage des déchets dus au travail musculaire. Les réactions aux impulsions électriques sont plus rapides. En effet, une augmentation de 2 °C de la température corporelle pourrait entraîner une accélération de la vitesse de contraction d'environ 15 % car le système nerveux a un fonctionnement optimal à 39 °C. De plus, l'activité enzymatique augmente et par conséquent les réactions métaboliques associées aux systèmes producteurs d'énergie augmentent également. De surcroît, au cours d'un effort, les cartilages des articulations s'adaptent progressivement en s'imbibant de liquide intra-articulaire. Pour ces raisons, un sujet échauffé à 39 °C peut fournir un travail mécanique plus important avec moins de fatigue, moins de traumatismes musculaires et articulaires et avec une précision supérieure qu'un sujet non échauffé. Pour ce faire, l'échauffement nécessite deux étapes lors de sa réalisation. Une partie générale et une partie spécifique. Une notion de progressivité dans les charges, l'amplitude du trajet moteur, dans la vitesse doit guider le sportif et l'entraîneur.

L'échauffement général

L'échauffement général permet de mettre en route les grandes fonctions respiratoires et circulatoires de manière progressive. Il permet également au sportif d'entrer dans sa séance ce qui permet une certaine transition entre sa journée et sa séance de sport. Cet échauffement général est généralement constitué d'activités de types cardio-respiratoires comme la course à pieds, le cyclisme, la corde à sauter, etc.

L'échauffement spécifique

L'échauffement spécifique consiste à s'intéresser aux groupes musculaires ciblés prioritairement en fonction de l'activité pratiquée et de la séance à venir. La pratique du développé-couché avec des charges légères, en variant les écartements de prises de barre est intéressante, de même que faire des pompes. Le sportif peut également utiliser un élastiband afin de solliciter les biceps, les triceps, les dorsaux, ou les deltoïdes, etc. La répétition de gestes techniques d'abord dans le vide puis à faible intensité constitue également des routines de fonctionnement nécessaires pour une entrée spécifique dans l'activité. Par exemple, la réalisation des *uchi-komi* est fortement conseillée lorsque l'entraînement de judo portera essentiellement sur un travail en *nage-waza*, c'est-à-dire un travail debout.

Pour que l'échauffement soit complet, il est utile de donner des repères aux sportifs pour qu'ils s'engagent dans une pratique sécuritaire, autonome et lucide. Ainsi, ils peuvent commencer par travailler le bas du corps sans oublier aucun muscle puis aller progressivement vers le haut du corps, sans oublier la chaîne abdominale qui permet de faire le lien entre le haut et le bas du corps et garantit une meilleure transmission des forces.

Sortie de l'entraînement et verrouillage de l'unité d'entraînement

De façon complémentaire, même si elle est encore trop souvent minorée, la sortie de séance doit être en adéquation avec le contenu d'entraînement proposé. Le premier objectif du retour au calme (warm down ou cool down) vise à recouvrer un état fonctionnel et organique proche de celui d'avant séance. Le second objectif est d'activer les processus de rétablissement du potentiel physiologique et psychologique du sportif, comme un pont méthodologique jeté vers la séance suivante. Oublier le retour au calme est une mauvaise « sortie » de la séance d'entraînement, ce qui est antinomique de l'assimilation de la charge vécue par le sportif.

Comme pour l'échauffement, son protocole dépend directement du corpus de la séance. En effet, une séance énergétique de haute intensité réclamera une séquence aérobie permettant une resynthèse des lactates. Une séance de musculation exige une restitution des longueurs musculaires à travers des séquences d'étirements passifs. Cependant, les effets de ces étirements sont parfois remis en cause. Une séance particulièrement stressante suppose une sortie à base de relaxation, d'un travail respiratoire. Il semble contre-indiquer d'effectuer des étirements profonds après un travail pliométrique qui aura lésé les structures tissulaires. Il faut leur préférer les techniques de balnéothérapie, notamment en alternant les bains froids et les jets d'eau chaude par associer l'effet mécanique de l'hydro-massage et le drainage par la vasoconstriction. La cryothérapie peut également être proposée.

Contribution des efforts en aérobie à l'assimilation de la charge d'entraînement

Le principe de régénération active s'appuie sur le drainage sanguin et lymphatique des tissus pour favoriser l'élimination des déchets organiques, le soulagement des micros déchirures, des ecchymoses, voire aux inflammations. De plus, il s'agit « d'éliminer » les muscles de tout lactate à l'issue des séances spécifiques ou énergétiques intenses. L'idéal serait de systématiser ce principe juste après l'effort de compétition et d'entraînement puis de recommencer la même action le lendemain. Pour atteindre cet objectif, la sollicitation des processus aérobies suppose un niveau d'intensité minimum proche de 80 % de la PMA et ce, durant une dizaine de minutes. C'est à cette condition que l'augmentation du flux sanguin permet la régénération par oxygénation et le drainage des tissus sollicités par le travail. Par ailleurs, on attribue aux ressources aérobies le pouvoir d'augmenter la capacité d'entraînement des sujets. En effet, l'assimilation des charges travail passe par le rôle tampon des processus aérobies.

Les techniques d'étirements musculaires

De nombreuses controverses existent dans la communauté scientifique aujourd'hui quant à l'utilisation des étirements. De nombreuses questions se posent quant à leur utilisation dans le cas de la prévention des blessures ou dans l'amélioration la récupération. Pour faire le point complet sur la structure du muscle nécessaire pour appréhender le fonctionnement de l'unité que forme le système muscles-tendons, nous renvoyons nos lecteurs à l'ouvrage de Le Page (2016). Lorsqu'un étirement est réalisé, c'est un ensemble muscle-tendon qui est étiré. Ces étirements relèvent de différents objectifs. Situé dans le cadre d'un travail particulier et complémentaire à l'activité sportive, cela relève des assouplissements. C'est une méthode d'entraînement permettant de gagner en souplesse tout visant l'augmentation de l'amplitude articulaire et musculaire. Nous rappelons que la souplesse doit constituer un objectif de développement durant l'entraînement. Quant aux étirements proprement dits, ils sont utilisés avant le corps de la séance afin d'optimiser le geste sportif ou alors directement à la fin de la séance dans un but de prévention des courbatures ou des blessures et pour tenter de garantir une meilleure récupération. Durant les étirements, il y a une mise en tension de la structure conjonctive et de la structure tendineuse ainsi que le processus inhibiteur diminuant l'excitabilité des motoneurones.

Limites et controverses à propos des étirements

Différentes études ont démontré le faible intérêt des étirements dans la prévention des blessures. En effet, pratiquer des étirements après une séance intense peut perturber la réparation musculaire voire augmenter le degré des lésions. Les microlésions vont engendrer une désorganisation globale au sein du sarcomère. Ainsi, étirer un muscle ayant subi des microlésions peut même en augmenter leur ampleur à cause de tensions importantes imposées aux muscles dans une amplitude inhabituelle. Cependant, chaque sportif peut quand même ressentir le bien-être procuré par les étirements après une séance de sport. Cet effet ressenti est dû à l'effet antalgique procuré par les étirements qui désensibilisent les récepteurs de la douleur.

De nombreux chercheurs concluent que la souplesse est un facteur important dans la prévention des blessures. En effet, la baisse de la raideur musculaire permet d'augmenter l'efficacité du geste. D'ailleurs, de nombreux sportifs font désormais appel aux danseurs et danseuses dans le cadre de séances spécifiques pour améliorer leur souplesse ou investissent le yoga dans le cadre de leur préparation. Les étirements produisent un chute du tonus musculaire, une diminution de la raideur musculaire et produisent un effet antalgique. Il est néanmoins possible de les conserver durant la séance d'entraînement ou lors des compétitions. Après un échauffement général, des étirements de type activo-dynamique (combinaison d'un allongement du muscle jusqu'à la sensation de tiraillement, suivie d'une contraction musculaire statique d'environ sept secondes puis enchaîner sur un travail de type dynamique du muscle sollicité d'environ dix secondes) peuvent être menés afin de rendre le muscle tonique pour ensuite continuer sur du travail spécifique à l'activité pratiquée. Les étirements doivent être abordés de manière intelligente dans le cadre du processus d'entraînement afin d'augmenter l'amplitude articulaire tout en améliorant la production de force la plus importante possible par une augmentation de la raideur musculaire (effet élastique).

Cas particulier de la courbature

La courbature est une douleur musculaire due à une inflammation du muscle qui est toutefois supportable et qui apparait après un effort important en durée ou en intensité et face auquel le sportif n'est pas préparé. Le ressenti de la douleur survient entre 24 et 48 heures après l'effort et disparaît normalement après une semaine. Il semble que la réaction inflammatoire dans les muscles soit déclenchée par un dommage occasionné par l'exercice dans la structure de soutien au sein du sarcomère.

Rôle des étirements et prophylaxie

Les étirements musculaires participent de la prophylaxie dans la préparation physique. Cependant, il existe de nombreuses techniques d'étirements ayant des fonctions différentes et il est souvent difficile de s'y retrouver. Pour augmenter la disponibilité musculaire préalable à l'activité, le travail spécifique des mouvements concernés peut s'organiser à travers des amplitudes articulaires ou des rythmes gestuels différents. Ce travail oriente le niveau de souplesse à rechercher lors de l'échauffement. Par ailleurs, les étirements dits « à froid », passifs et en postures prolongées, sont appropriés pour atteindre les tendons avant que les muscles ne soient échauffés. À ce titre, le traitement préventif et curatif des tendinites à recours à la technique d'étirements sous contraction excentrique. À chaud, les étirements peuvent être poussés avec une tension extérieure ou ajoutée, puis actif avec un temps respiratoire, et enfin lancés pour préparer aux tensions élastiques des mouvements. Les gains en flexibilité sont obtenus par l'alternance de contractions et de relâchement comme avec le stretching tout en y ajoutant parfois une aide extérieure. Les étirements de fin séance visent quant à eux davantage la restitution des longueurs musculaires que le gain de souplesse. En effet, il est fortement déconseillé de rechercher à améliorer sa souplesse musculaire sur une structure meurtrie par l'exercice, et ce d'autant plus que celui aura été intense.

Le traitement proprioceptif des gainages articulaires

Tous les étages articulaires sollicités par une technique sportive nécessitent un traitement proprioceptif dans le cadre du renforcement musculaire, avec un rappel dans le cadre de l'échauffement. La proprioception est une mise enjeu des coordinations réflexe des muscles pluri-articulaires. Pour prévenir les tendinites et les entorses, le travail à envisager se situe notamment au niveau du tonus musculaire avec un travail spécifique de gainage proprioceptif pour assurer l'élasticité du mouvement et limiter ainsi les risques au niveau des articulations. Ce faisant, les ligaments ne restent plus isolés dans ce rôle de stabilisateur articulaire. D'une certaine manière, le gainage d'une articulation relève d'une stratégie en termes de renforcement musculaire, mais aussi en termes de placement segmentaire et de formes de corps. La proprioception est comparable à la tactique, puisqu'elle constitue une réponse fonctionnelle et organique aux déséquilibres dans le mouvement. Le gainage est une capacité que l'on doit renforcer, la proprioception est une habileté que l'on doit entraîner.

Pour les muscles de la sangle abdominale, plusieurs exercices sont à proposer pour éviter de les spécialiser dans une forme de travail. Ainsi, chaque plan musculaire nécessite un type d'exercice. Pour les muscles transversaux, des exercices sous forme de respiration profonde en position quadrupédique ou isométrique sont intéressants. Pour les muscles obliques, un travail en isométrie sous forme de gainage et des mouvements croisés opposant latéralement les membres inférieurs et supérieurs peuvent être proposés. Pour les muscles grands droits, des exercices où le sportif effectue des fermetures jambes sur tronc et inversement peuvent être proposés. Par ailleurs, l'enchaînement de séries de mouvements complémentaires et différents doit être proposé pour progresser harmonieusement et éviter les déséquilibres.

Principes de renforcement musculaires à visée prophylactique

Le renforcement musculaire est un vecteur privilégié pour le rééquilibrage des groupes musculaires agonistes et antagonistes autant que dans le rapport de latéralité. Pour cela, il faut d'abord être éclairé par le bilan de force isocinétique du sportif afin de connaître la nature et le niveau des carences. Par ailleurs, l'amélioration des ressources structurelles visant à étayer la technique gestuelle du sportif passe nécessairement par l'analyse des contraintes biomécaniques susceptibles de générer les blessures en cas de mauvaises exécutions. C'est à ces deux conditions que le renforcement musculaire peut ensuite contribuer à développer le potentiel de performance.

QUESTIONS

1. À quoi sert l'échauffement ?

2. Que peuvent apporter les étirements dans le cadre de la préparation physique ?

CHAPITRE 8
LES BASES PSYCHOLOGIQUES DE L'ENTRAÎNEMENT

Youcef Alanbagi

La préparation mentale aujourd'hui

« L'athlète en action, c'est une personne qui a des sensations (le corps, physique), des pensées (l'intellect, l'esprit) et des sentiments (l'affectivité, l'émotion) » (Le Deuff, 2002). Au regard de ces différentes dimensions, il est nécessaire pour atteindre une performance sportive maximale de travailler sur les différentes dimensions physiques psychologiques et sociales du sportif. Les facteurs psychologiques déterminants chez le sportif peuvent être regroupés en trois catégories : les facteurs cognitifs qui caractérisent l'intelligence pratique, c'est-à-dire d'être capable de s'adapter aux différentes situations motrices. Cette intelligence est également abstraite et sociale. Abstraite, lorsque sportif est capable de s'adapter aux stratégies des différents adversaires et sociale lorsque sportif est capable de s'enrichir et de prendre en compte les autres. De plus, les facultés de concentration et de créativité constituent des bases indispensables pour accéder et rester au plus haut niveau. La deuxième catégorie peut regrouper les facteurs dits conatifs qui représentent ce qui est en relation avec la volonté, la motivation intrinsèque et extrinsèque et le désir de réussite. Ces éléments facilitent la persévérance, la capacité à s'entraîner durement mais également à se surpasser. La dernière catégorie concerne les facteurs affectifs c'est-à-dire les émotions et les sentiments. La maîtrise des états émotionnels est un facteur déterminant pour la performance de même que la confiance en soi qui peut également être attachée à ces facteurs affectifs.

Rôle de la préparation mentale auprès des sportifs

Nous constatons aujourd'hui une augmentation importante du nombre les sportifs de haut-niveau intégrant la préparation mentale dans le cadre de leur entraînement physique, physiologique, technico-tactique et nutritionnelle car à valeur physique et technique équivalente, un mental de haut-niveau différencie le champion du simple sportif. Il est toutefois difficile d'évaluer la part des aspects psychologiques dans la performance, mais elle est souvent prépondérante. Le sport de haut-niveau semble évoluer dans la bonne direction, le recours au dopage est remis en question, des alternatives éthiques peuvent être proposées, et donc fort logiquement le sportif est à la recherche de tout ce qui va pouvoir optimiser son potentiel. Le sportif cherche à optimiser son potentiel de façon naturelle et sur le terrain, il est nécessaire d'intégrer la préparation mentale comme étant un facteur d'aide à la performance. La qualité de la relation privilégiée entre l'entraîneur et les sportifs permet l'essentiel du travail psychologique, et ce n'est qu'en complément de ce que permet déjà ce travail que le préparateur mental pourra proposer son savoir pour permettre au sportif de mieux utiliser ses propres ressources.

Les ressources de la préparation mentale

La préparation mentale fait référence à des habilités, des procédures et des stratégies en vue d'améliorer les apprentissages et d'optimiser les performances sportives. Le préparateur mental est centré sur l'état psychique du sportif en relation avec une performance spécifique. En outre, le fait de préparer mentalement sportif à une performance, c'est travailler sur les pensées et les attitudes de l'autorégulation, le contrôle de l'environnement et les actions du sportif. Pour que l'entraînement mental soit efficace, il est nécessaire que le sportif soit disposé à entendre le discours afin d'essayer de s'entraîner mentalement tous les jours. Par les aspects mentaux liés à la performance, il est nécessaire de mobiliser différentes ressources psychologiques, cognitives, émotionnelles, relationnelles et affectives comme nous l'avons vu précédemment.

Nous pouvons également retrouver différentes contraintes et situations communes dans les activités physiques et sportives :

- Rester centré sur l'action, analyser et gérer les situations de jeux.
- Prendre la décision la plus adaptée possible par rapport aux situations de jeux.
- Contrôler et gérer le stress, anxiété, ses émotions, et la certitude.
- Éprouver du plaisir compétition, développer des pensées positives.
- Améliorer la cohésion du groupe.
- Avoir une grande confiance en soi, une bonne connaissance de soi.
- Contrôler gérer la douleur, la fatigue, la souffrance.
- Faciliter la récupération qui est une étape centrale dans l'entraînement mental.

Évaluation de la forme mentale

Il existe de nombreuses procédures et modalités d'évaluation de la forme mentale notamment par des évaluations écrites à l'aide de questionnaires et de tests. Il existe également des évaluations orales par des entretiens et des discussions et des évaluations par l'observation du sportif en situation et dans la vie extra-sportive.

Check-up et évaluation mentale

Voici présenté quelques tests écrits et simples pour évaluer la forme mentale. Commençons par le check-up. C'est un entretien écrit individualisé permettant de balayer les facteurs influençant directement ou indirectement la performance. Il permet de déceler les domaines où le sportif connaît les défaillances qui méritent une attention particulière (Le Deuff, 2002). Ce check-up est composé d'une dizaine de questions :

- Quels sont tes objectifs à court terme ?
- Quel est ton projet à moyen long terme ?
- Quelles sont actuellement tes motivations pour pratiquer ton sport ? Comment considères-tu tes entraînements ? Te plaisent-ils ?
- Quelles sont tes relations avec ton ou tes entraîneurs ?

- Quels sont tes relations avec ton ou tes coéquipiers ?
- Penses-tu que tes parents te soutiennent dans ton investissement ?
- Quels sont les facteurs qui te stressent ?
- Peux- tu te souvenir d'une compétition très réussie ? Quelle préparation préalable ? Qu'as-tu retenu de cette compétition ?
- Peux-tu te souvenir d'une compétition catastrophique ? Quelles explications donnerais-tu ?

Test du Dr. Loehr (1983) et évaluation mentale du sportif

Dans cette même optique, le docteur Loehr (1983) a mis au point un test psychologique permettant d'identifier la forme mentale en fonction de sept variables :

- L'énergie positive
- La confiance
- L'énergie négative
- Le niveau de motivation
- Le contrôle de l'attention
- Le contrôle de l'attitude
- Le contrôle de la visualisation

Ce test psychologique est composé de quarante-deux questions ayant chacune cinq réponses possibles à chaque fois notées de « 1 : presque jamais » à « 5 : presque toujours ». En additionnant les scores, il est possible d'établir un profil psychologique du sportif en termes de forces et faiblesses mentales. Si le score est inférieur à 20, le sportif nécessite une attention particulière. Si le score est de 26 à 30, le sportif dispose d'excellentes aptitudes mentales. Pour un score entre 20 et 25, il existe de motifs d'amélioration et si le score est de 6 à 19 alors, le sportif nécessite une attention spéciale.

Évaluation de la forme mentale pré et post-compétitive

Un autre aspect de cette préparation mentale concerne l'évaluation de la forme mentale dans la période pré et post-compétitive. Il s'agit pour le sportif de répondre à quelques questions qui peuvent être de cet ordre :

Pour la période précompétitive :

- Comment dois-je me préparer ?
- Quelles sont mes forces et mes faiblesses ?
- Quelles sont les forces et les faiblesses que peuvent me poser l'adversaire ?
- Quels sont les éléments à maîtriser pendant la compétition afin de m'exprimer pleinement ?

Pour la période post compétitive :

- Quels ont été mes points forts et mes points faibles durant la compétition ?
- Quels ont été les problèmes posés par mon ou mes adversaires ?
- Quels problèmes ai-je pu poser à mon ou mes adversaires durant la compétition ?

- Quelles ont été les périodes clés de la compétition qui ont influencées l'issue de la rencontre ?
- Si je pouvais revenir en arrière et disputer à nouveau cette compétition, l'issue seraitelle identique ? Pourquoi ?
- Quels sont les deux ou trois mots qui caractérisent au mieux la compétition vécue ?

Évaluation mentale et inventaire de la confiance en soi (ACEP, 1989)

Un autre test permet d'évaluer les aptitudes mentales du sportif dans une optique de performance. C'est l'inventaire de la confiance en soi d'après l'ACEP (1989). Pour plus de détails n'hésitez pas à consulter le livre de Le Deuff (*Entraînement mental du sportif : Comment éliminer les freins psychologiques pour atteindre les conditions optimales de Performance*, 2002).

Renforcer sa forme mentale pour améliorer ses performances

Le contrat d'objectifs à court, moyen et long terme

En ce qui concerne la préparation mentale, il est nécessaire de se fixer et de gérer de nombreux objectifs dans une optique d'amélioration de la performance. C'est un travail en synergie entre les questions que peut se poser le sportif et le rôle de l'entraîneur qui doit lui permettre de les choisir et de se les approprier. Ces divers objectifs doivent être simples, précis, concrets et consignés par écrit et se situer selon différentes temporalités, c'est-à-dire à court, moyen et long terme. De plus, ces derniers doivent être flexibles et positifs et représenter un défi surmontable pour le sportif, ce qui permettra de générer plus de motivation.

La visualisation mentale

Un deuxième pan de cette préparation mentale permettant l'amélioration de la performance peut-être le développement de la visualisation mentale. Cette dernière permet de développer la faculté à penser en images les gestes à effectuer comme le skieur avant une descente ou un coureur automobile avant son entrée en piste. Cette préparation mentale permise par cette visualisation permet d'intérioriser, de mémoriser et de mieux comprendre les sensations vécues. Cela permet un renforcement des gestes techniques à réaliser dans une optique d'une meilleure gestion de soi lors des compétitions. De plus, cette visualisation mentale permet un lien entre le corps et l'esprit. Nous nous situons complètement dans une vision moniste du sportif. Le corps et l'esprit ne devant faire qu'un. Dans ce cadre, la sophrologie peut être une aide car cette discipline permet une relaxation de base notamment en travaillant sur la respiration abdominale.

Visualisation et simulation mentales

Un deuxième élément permettant ce développement de la visualisation mentale concerne l'apprentissage de la simulation mentale. En effet, la simulation mentale permet de répéter mentalement un mouvement permettant d'améliorer son apprentissage mais c'est également la possibilité d'y associer une séquence tactique ou un contexte de compétition. Un autre élément permettant cette visualisation mentale est permise par les outils numériques tels que les supports vidéos. Cela permet aux sportifs de se situer techniquement et tactiquement en situation réelle. Ici, le feedback peut être rapide suite aux observations de l'entraîneur ou par les remarques du sportif lui-même. Les séquences peuvent être visualisées à de nombreuses reprises afin de s'en imprégner.

Visualisation mentale et représentation de la compétition

Toujours dans cette optique, le sportif peut se représenter une compétition particulièrement réussie. Effectivement, dans cette situation positive, le sportif cherche à retrouver les mêmes sensations de la compétition, les personnes présentes ce jour-là, son organisation, son heure de début d'épreuve, sur les gestes qu'il a effectués durant cette compétition. Voilà tous ces éléments qui lui permettent de préparer au mieux la prochaine compétition en tentant de retrouver les mêmes sensations.

Visualisation et vidéos

Un autre élément pouvant être intéressant concernant cette visualisation mentale se base sur la visualisation de vidéos de grands sportifs dans son domaine. Celles-ci ont pour fonction de renforcer l'envie de mieux pratiquer, de viser techniquement juste, de s'imprégner de la capacité des champions à performer, ce qui est intéressant et important chez les jeunes sportifs notamment.

Un autre type d'entraînement permettant d'améliorer cette amélioration de la performance par la visualisation mentale concerne la mise en place de routines de visualisations par l'athlète avant, pendant et après la compétition. L'idée étant de réduire l'anxiété pré-compétitive et ses manifestations somatiques, de favoriser la concentration, le relâchement, de programmer des stratégies de réussite et d'élever son niveau d'activation.

La confiance en soi

Cette amélioration de la performance passe également par une amélioration de la confiance en soi. C'est une évaluation psychique réaliste et ponctuelle par l'individu qu'il a les ressources nécessaires pour affronter une situation particulière. Ladite confiance en soi permet au sportif de s'engager, d'orienter son engagement, d'y mettre de l'intensité et de persévérer dans son engagement.

Confiance en soi et condition physique

La confiance en soi passe par une amélioration de la condition physique. En effet, le concept de soi physique est un élément important de l'estime de soi globale et donc de la confiance en soi (Marsh, 2001). En outre, il est nécessaire de développer l'idée d'agir en confiance, de prendre en considération ses capacités à agir comme des éléments positifs de la performance.

Confiance en soi et rôle de l'entraînement

Un troisième élément permettant d'augmenter la confiance en soi pour augmenter la performance lors des compétitions est d'être irréprochable lors de son entraînement. L'idée est de ne pas laisser de place au hasard et de ne pas avoir de regrets sur sa préparation quelle que soit l'issue de la compétition. Il est donc nécessaire de mettre toutes les chances de son côté. D'autres éléments permettant la confiance en soi peuvent être proposés comme le fait d'améliorer son autodiscipline à l'entraînement, de ne pas faire semblant, de s'investir à 100 % à chaque fois, de ne pas tromper les entraîneurs pour ne décevoir personne.

Confiance en soi et visualisation

L'utilisation de l'imagerie mentale à travers la visualisation des gestes à effectuer ou des opposants que l'on va rencontrer permet de développer ses capacités mentales notamment en ce qui concerne ses capacités de concentration ou cette combativité qui est nécessaire même si l'adversaire est un ami.

Confiance en soi et concentration

Il est également possible d'améliorer cette performance notamment en améliorant ses capacités de concentration. La concentration est une qualité qui permet de fixer son attention sur une action précise, un but ou un comportement tout en faisant abstraction des éléments perturbateurs. L'idée est de focaliser son esprit sur l'ici et maintenant. Pour ce faire, il est possible d'apprendre aux sportifs à se relâcher, à se calmer, notamment travers la respiration abdominale ou une meilleure prise en compte de sa respiration. Cela passe par la mise en place de routines afin de les suivre de les automatiser

Amélioration de la performance et maîtrise des émotions

D'autres éléments peuvent être mis en relation pour améliorer la performance. Ces derniers relèvent de la maîtrise des émotions appétitives ou aversives et de l'énergie qui sont un ensemble de réactions de l'organisme s'exprimant par des manifestations comportementales et physiologiques à court terme. En cas d'émotions aversives, le sportif peut les réduire par l'intermédiaire de sa respiration abdominale. Par exemple, l'apprentissage de la relaxation passe notamment par la relaxation progressive de Jacobson ou le training autogène de Schultz. Cela passe également par le fait de se nourrir des émotions notamment en bougeant à travers des sautillements, des flexions-extension, des pas-chassés ou des flexions suivies par des extensions au niveau des bras ou alors cela passe également par l'écoute d'une musique entraînante. L'idée est de rester positif, de montrer à l'adversaire « qu'on est prêt à l'affrontement », « qu'on est présent et qu'on va combattre sans rien lâcher » et d'exprimer son énergie positive qui peut avoir un effet psychologique négatif sur l'adversaire.

QUESTIONS

1. En quoi la préparation mentale permet-elle d'optimiser la performance du sportif ?
2. Citez et développez des outils d'évaluation de la forme mentale.

CHAPITRE 9
L'ENTRAÎNEMENT DU JEUNE SPORTIF

Marc Testa

La croissance, la maturation et le développement

En raison des exigences du sport de haut-niveau, les jeunes sportifs sont de plus en plus exposés à des régimes d'entraînement impliquant des charges de travail élevées. En effet, dans certaines disciplines sportives, le nombre d'heures d'entraînement chez les jeunes sportifs se situe entre 15 et 30 heures par semaine, parfois depuis l'âge de 6 ans. Ce nombre d'heures inquiétant peut conduire les jeunes sportifs à un état de surentraînement et à des blessures potentielles. Ainsi, au-delà des aspects physiologiques relatifs à l'entraînement, il semble que la question de la santé du jeune sportif et du respect de son développement au regard de ses activités physiques et sportives quotidiennes demeure une question sociale incontournable.

Jusqu'au milieu du XXe siècle, l'enfant était considéré comme un petit d'homme. Il était éduqué à l'image d'une attente et d'un rôle dans la société : c'est l'hétéronomie. L'hétéronomie s'oppose à l'autonomie dans le sens où la pensée individuelle se structure pour que chacun se reconnaisse comme partie d'un ensemble. L'enfant n'est pas un adulte en miniature mais il est qualitativement différent car il a ses propres besoins en fonction de son âge et de son évolution. L'enfant est donc un être social qui n'appartient qu'à lui-même. L'enfant naît, grandit et vit dans un milieu agissant. Il se transforme par et grâce aux relations aux autres à travers les situations physiques, affectives, morales et intellectuelles. La privation ou la carence affective subie par les enfants (hospitalisme) se traduit par un retard du développement physique, une régression des facultés mentales et une moindre résistance à la maladie. L'hospitalisme est un état dépressif qui se manifeste chez certains enfants séparés précocement de leur mère (Spitz, 1946).

L'interaction entre des facteurs génétiques, biologiques et du milieu font de l'enfant un être global où les caractères physiologiques, psychologiques, culturels forment un tout interdépendant.

La croissance, la maturation et le développement sont des termes utilisés pour décrire les modifications qui surviennent dans le corps humain de la conception à l'âge adulte. La croissance caractérise les dimensions corporelles à travers notamment la morphologie. Le développement définit l'évolution des différentes fonctions. La maturation décrit les différentes étapes qui conduisent un tissu ou un système au stade de fonctionnement adulte. Les différents segments corporels ne se développent pas au même rythme selon l'âge. Des courbes moyennes de croissance (courbe de Tanner ou de Sempé et Pédron) permettent de suivre l'évolution de l'enfance à l'âge adulte. Les courbes de croissances des filles et des garçons se séparent significativement à l'adolescence. La maturation des filles est plus précoce de 2 à 2,5 ans.

Tableau n° 11. Maturation chez l'enfant

	Taille :	Pic de vitesse de croissance :	Pic de vitesse de poids :	Hypertrophie musculaire :
Femmes	≈ 16,5 ans	≈ 12 ans	≈ 12 ans	≈ 16-20 ans
Hommes	≈ 18 ans	≈ 14 ans	≈ 14,5 ans	≈ 18-,25 ans

Selon la loi de Mark-Jansen, la sensibilité des tissus est proportionnelle à la vitesse de croissance. Les risques de lésions est donc plus importants chez l'enfant et l'adolescent. Cependant, la tolérance à la charge d'entraînement est variable d'un individu à l'autre. L'impact négatif de l'entraînement sur la croissance et ses méfaits sur l'appareil locomoteur sont souvent dénoncés. Une idée communément admise rapporte que l'activité physique rend les enfants plus petits. Selon la loi de Delpech (effet de la compression), les os croissent en raison inverse des pressions qu'ils subissent. L'étude de Binder (2008) sur des enfants pratiquant douze heures d'activité par semaine (danse, judo patinage, tennis) ne montre aucune incidence de la pratique sur la croissance alors qu'au-delà de 16 heures de pratique, des effets négatifs peuvent apparaître. Les tractions exercées sur les apophyses et les épiphyses, les atteintes du cartilage articulaire (les cartilages supportent mal les forces de pression ou de cisaillement) dans les cas extrêmes de surentraînement peuvent favoriser et entraîner l'apparition d'arthroses. Les tissus tendineux et ligamentaires ne sont pas encore très résistants à la traction car la structure micellaire est absente.

Cependant, une pratique physique raisonnée pendant l'enfance augmente le pic osseux et retarde le seuil d'ostéoporose.

Finalement, l'exercice physique non stéréotypé et sollicitant l'ensemble de l'appareil locomoteur, favorise outre le développement en épaisseur des os, leur densité et leur résistance.

Évolution de la force chez l'enfant

La masse grasse n'évolue pas de façon homogène durant l'enfance et l'adolescence, chez les filles et chez les garçons. Elle augmente plus significativement chez les filles pendant l'enfance. Elle diminue à l'adolescence chez les garçons et stagne chez les filles (fig. 24). Cela influence alors le calcul du niveau de force rapporté au poids de corps. Ainsi, chez l'enfant, la force ramenée au kg de masse maigre est identique chez les filles et les garçons.

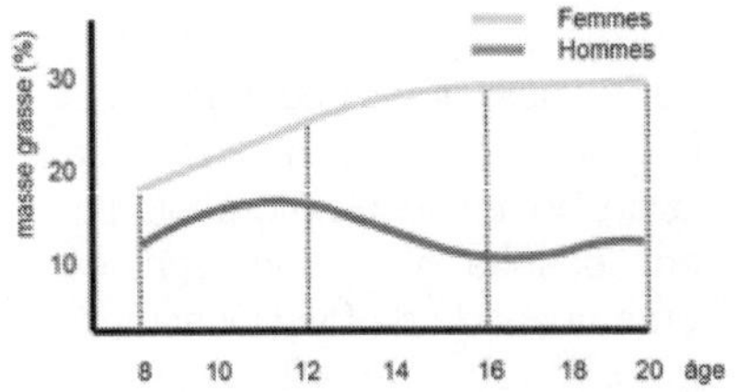

Figure n° 27 : Évolution du pourcentage de masse grasse en fonction de l'âge

L'exercice physique est un facteur classique de stimulation de la sécrétion de nombreuses hormones : hormone de croissance mais aussi cortisol, glucagon, androgènes, catécholamines et, dans une moindre mesure, hormones thyroïdiennes. La pratique de la compétition au plus haut niveau peut influer sur le système endocrinien. On connaît l'exemple de retards d'installation de la puberté puis de perturbations de la fonction ovarienne (Warren et Perlroth, 2001) chez certaines catégories de sportives l'apparition d'aménorrhées chez les danseuses et les gymnastes. Cependant, l'activité sportive n'est pas seule en cause car le stress de la compétition et la tendance à la sous-alimentation à travers les régimes, sont également impliqués.

Au cours de la croissance, la force musculaire augmente progressivement et proportionnellement à l'augmentation de la masse corporelle. Avant la puberté, la force maximale n'est pas significativement différente entre les filles et les garçons (Gerbeaux et al., 1986, Sunnegardh et al., 1988). De surcroît, elle n'est pas liée à une hypertrophie musculaire (Ozmun et al., 1994) mais à des adaptations neuromusculaires. Ces progrès seraient imputables à une amélioration de la coordination motrice notamment à une activation plus synchronisée des unités motrices comme nous l'avons vu précédemment. Des gains de forces se retrouvent quels que soient les exercices, c'est-à-dire avec un ou deux entraînements par semaine (Faigenbaum et al., 2002, 2005), des charges libres ou des medicine balls (Benson et al., 2007), des élastiques (Annesi et al.) ou des exercices utilisant le poids de corps (Falk & Mor, 1996).

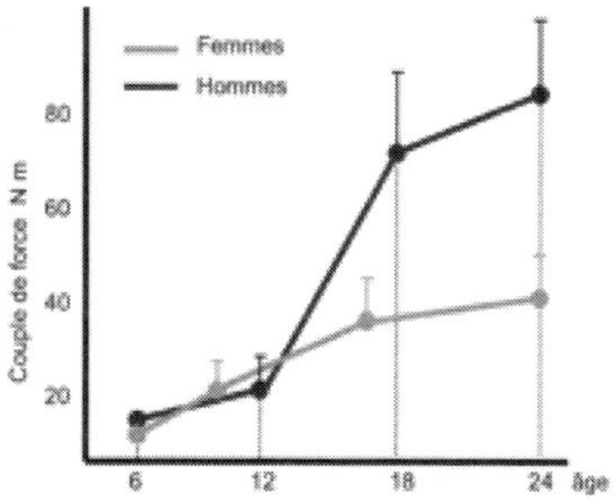

Figure n° 28 : Évolution de la force isométrique des fléchisseurs du bras

(d'après Gerbeaux dans van Praagh et al., 2007)

La force se stabilise vers 18 ans chez les filles mais plus tardivement chez les garçons (25 ans).

L'accroissement en force le plus élevé est, chez la fille vers 11,5 à 12,5 ans (avant puberté) et entre 14,5 et 15,5 ans chez le garçon soit environ un an après le pic de croissance. Il peut exister un deuxième pic de croissance de force chez les filles vers 17-20 ans (faible pourcentage de la population).

Tableau n° 12 : Niveau de testostérone (g/100ml) - Weineck, 1982.

Age	8-9 ans	10-11 ans	12-13 ans	14-15 ans
Garçons	21-34	41-60	131-249	328-643
Filles	20	10-65	20-80	20-85

Il n'y aurait pas d'âge critique pour développer sa force car la capacité d'entraînement de cette dernière ne cesse de s'élever de l'adolescence à l'âge adulte. Le niveau de testostérone joue un rôle déterminant dans la production des protéines musculaires.

La testostérone (hormone androgène) est présente chez la femme mais en plus petite quantité. Cette hormone augmente l'anabolisme protéique et permet donc de développer les éléments contractiles de la fibre musculaire (actine et myosine). Jusqu'à la puberté les niveaux de testostérone sont comparables mais ils deviennent significativement différents à l'adolescence. La masse musculaire chez le garçon passe de 25% à 40% à l'adolescence. Les risques de blessures sont faibles pour les sujets prépubères s'entraînant à la musculation (Kraemer & Fleck, 1993).

Évolution de la vitesse chez l'enfant

Dans le cas de mouvement dont la résistance est très faible, il n'y a pas de différence marquée entre la fréquence gestuelle maximale des filles et des garçons durant l'enfance et l'adolescence (Farfel, 1979). La qualité de vitesse augmente avec l'âge. Entre six et sept ans, la vitesse d'exécution dépend étroitement du contrôle des coordinations et du niveau de maturation nerveuse. La vitesse augmente progressivement grâce à une augmentation de l'amplitude des foulées. L'élévation de la fréquence des foulées est moindre. Vers 10 ans, la fréquence chute et l'amplitude s'accroît. Le maintien d'un effort à vitesse maximale (endurance de vitesse) est plus limité chez l'enfant (moindre contribution de la glycolyse anaérobie). Les progrès se font significativement à l'âge à l'adolescence quand la force se développe.

La puissance maximale développée par l'enfant est inférieure à celle de l'adulte même si elle rapportée au poids de corps. Si peu d'études traitent de façon longitudinale l'évolution de la puissance chez l'enfant, la différence entre filles et garçons est marquée à l'adolescence. Les exercices explosifs tels que ceux relatifs à la détente verticale ou horizontale montrent une évolution et une différence significative selon le genre à partir de quinze ans avec des performances significativement meilleures pour les garçons (Beunen, 1989). Les qualités de force supérieures chez les garçons favorisent alors le niveau de performance.

Évolution des coordinations chez l'enfant

L'optimisation de toute performance sportive s'objective par le mouvement car c'est la résultante d'apprentissages complexes. Elle s'exprime à travers les coordinations et définit au final les habiletés motrices. Ces coordinations s'établissent au niveau de la posture et de la motricité (gross motor skills), de la technicité gestuelle (fine motor skills ou dextérité). Il faut souligner que la posture est la fonction intégratrice de toute activité. Son rôle étant de stabiliser, elle se révèle dans la dynamique du système agissant : c'est la coordination posturo-cinétique. La coordination posturo-cinétique permet de contrôler le mouvement tout en conservant l'équilibre. Elle est donc déterminante dans la phase préparatoire de l'initiation du mouvement. Elle fait partie intégrante du développement moteur de l'enfant. Un modèle d'évolution de l'organisation sensorimotrice du contrôle de l'équilibre a été défini par Assaiante et Amblard (1995). Ce modèle (Fig, 26) se caractérise par trois périodes en fonction de la nature des liaisons entre les segments corporels (en bloc ou articulé) d'une part, et celle du mode d'organisation du contrôle de l'équilibre (descendant, ascendant).

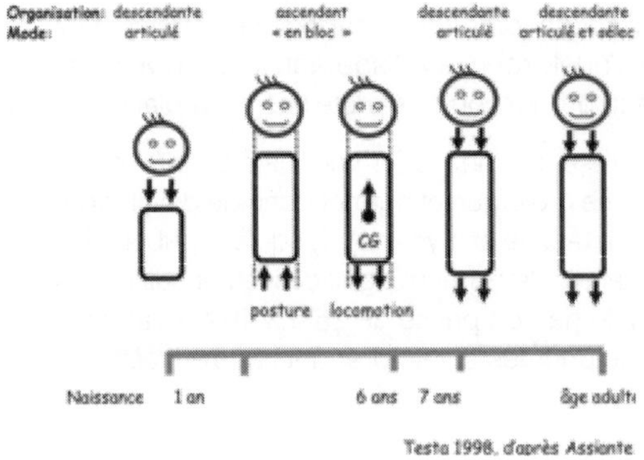

Figure n° 29 : Modèle de l'organisation posturo-cinétique.

L'étude dynamique des lancers ou des frappés (Keller et al., 2007) de balles ont permis aussi de proposer un modèle chronologique de l'évolution de la coordination des patterns moteurs. La progression du mode d'organisation associé-dissocié se retrouve de façon concordante aux stratégies en bloc-articulé (Fig. 27).

a. Corps bloqué, seul le segment concerné bouge

b. Corps dynamique en bloc, en pivotant

c. La dissociation apparaît en fin de mouvement

d. Mature, c'est le bassin qui déclenche le mouvement du haut du corps

Ces modes permettent de caractériser le niveau de contrôle d'un sujet lors de l'exécution d'un geste, notamment par la maîtrise des degrés de liberté. Lors de l'apprentissage, l'interférence contextuelle permet alors aux habiletés de s'adapter pour les faire progressivement émerger face à un environnement imprévisible. Cependant, si la variabilité est favorable dans les tâches à but de contrôle elle est inutile dans les tâches à but unique de coordination.

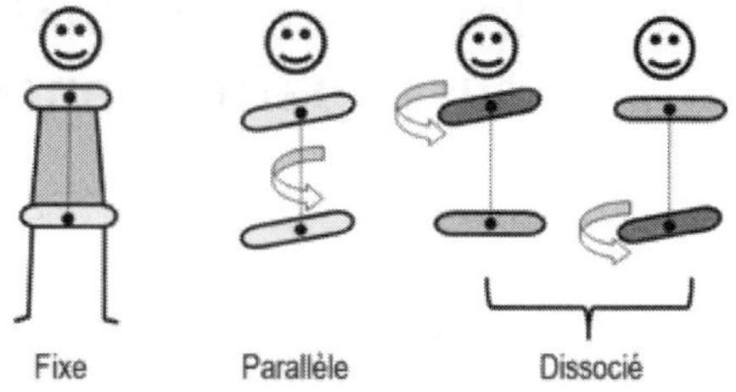

Figure n° 30 : Évolution des patterns selon Keller

Les coordinations s'effectuent grâce à l'action conjointe (synergie) des muscles agonistes et antagonistes. Ainsi, l'enfant freine activement le mouvement grâce aux muscles antagonistes. Chez l'adulte, le contrôle kinesthésique permet d'optimiser le rendement musculaire en utilisant les forces passives, c'est-à-dire les forces gravitaire, inertielle et élastique (Gachaud et al., 1983). Les mouvements parasites sont minimisés progressivement entre l'enfance et l'adolescence. Le relâchement dans l'effort est une des caractéristiques remarquable du mouvement expert. Si les propriétés élastiques des muscles progressent avec l'âge en concomitance avec le relâchement musculaire, cela contribue à une optimisation du rendement musculaire. L'analyse de la course à pied chez l'enfant montre une évolution.

L'entraînement anaérobie et aérobie chez l'enfant et l'adolescent

L'amélioration du système cardio-respiratoire par des séances de type aérobie chez les enfants reste un sujet controversé. En effet, à cet âge, de nombreuses études indiquent que l'entraînement aérobie n'a pas d'effet sur les valeurs du VO_2max. Malgré un VO_2max constant, une légère amélioration des performances peut être constatée.

De nombreuses études indiquent que chez les pré-adolescents, l'entraînement aérobie a quelques effets sur l'augmentation de la VO_2max, tout en constatant une amélioration de la course due à des facteurs internes favorisant le rendement mécanique. Ces légères améliorations sont toutefois plus faibles que chez l'adolescent et adulte. Pour rappel, le VO_2max est en grande partie déterminé génétiquement. De légères améliorations semblent notoires comme le volume d'éjection systolique qui est un facteur limitant essentiel de la performance aérobie à cet âge. L'augmentation de l'ensemble du volume du myocarde pendant la croissance améliore aussi globalement les aptitudes aérobies (Bouchard & Hoffman, 1997). L'entraînement d'endurance augmente le seuil ventilatoire des adolescents.

L'entraînement anaérobie génère des transformations. Ainsi, les enfants ont une augmentation des stocks de phosphagènes (ATP+CP) et de glycogène, de l'activité de l'enzyme phosphofructokinase et des concentrations maximales de lactate sanguin.

Influence des facteurs conatifs sur la performance chez l'enfant

Les facteurs conatifs, qui sont des processus psychiques visant à l'action, oriente le traitement de l'information et détermine le « style » de l'individu. Différents modèles de théories duales sont proposés. Celui des styles impulsif-réfléchi traduit d'un côté la tendance à prendre du temps avant d'agir pour limiter les erreurs, de l'autre à agir spontanément. Keller (1982) montre que les enfants les plus lents et les plus rapides pour une frappe de balle au tennis ont des performances moindres. Les meilleurs résultats sont atteints par les enfants se situant à un niveau intermédiaire sur le continuum de style impulsif-réfléchi. L'influence du style (conation) diminue avec l'âge et l'expertise des sujets. En effet, les experts ont acquis des connaissances (cognition : processus psychiques visant à la connaissance) permettant de construire des réponses intuitives automatiques, rapides et efficaces.

QUESTIONS

1. Pourquoi l'entraînement de force peut-il être néfaste pour l'enfant ?
2. Caractérisez l'intérêt du contrôle de la coordination posturo-cinétique ?
3. Comment pouvez-vous solliciter la coordination posturo-cinétique ?
4. Quels sont les effets d'un entraînement aérobie durant la période prépubertaire ?
5. Quels sont les effets d'un entraînement anaérobie durant la période prépubertaire ?

CHAPITRE 10
L'ENTRAÎNABILITÉ DES SENIORS

Youcef Alanbagi

Dans les sociétés actuelles, l'engagement dans les activités physiques volontaires déclinent peu après 30 ans. Il est admis qu'à partir de 35 ans, les performances dans les activités aérobies et de force diminuent environ de 1 à 2 % par an. Ceci s'explique notamment par des conditions de travail difficiles, une vie familiale et sociale parfois intense ou perturbée. De fait, de nombreuses personnes cherchent par tous les moyens à lutter contre le stress y compris celui de l'effort musculaire.

Évolution de l'endurance cardio-respiratoire avec l'âge

De nombreuses études indiquent que l'activité physique diminue avec l'âge et l'essor des technologies à tendance à nous sédentariser. Sur le plan de la conservation des aptitudes musculaires et cardio-respiratoires, l'inactivité liée à l'âge induit une détérioration de la tolérance à l'exercice intense et la baisse de performance est due à une réduction des qualités de force et d'endurance et dépendent dans une large mesure de la moins bonne circulation sanguine, centrale et périphérique, c'est-à-dire une diminution du débit sanguin générale et périphérique. En outre, il semble que l'entraînement précoce n'apporte que peu d'avantages dans le maintien du potentiel aérobie, sauf si le sujet continue de s'entraîner intensément. Néanmoins, en raison de leurs effets similaires, il est souvent difficile de différencier la part de l'âge ou de la réduction d'activité physique sur la baisse des aptitudes. L'âge induit une détérioration des fonctions physiologiques, majorée par la diminution d'activité.

Évolution de l'aptitude cardio-vasculaire avec l'âge

La baisse de la fréquence cardiaque maximale avec l'âge semble être attribuée aux altérations morphologiques et électrophysiologiques du tissu de conduction cardiaque et tout spécialement du nœud sinusal et du tronc du faisceau de His. Le résultat est un ralentissement de la conduction cardiaque qui procède de ce que l'on appelle une down-regulation des récepteurs cardiaques β dont l'effet est de diminuer la sensibilité du cœur à la stimulation par les catécholamines. De plus, l'augmentation des résistances périphériques, c'est-à-dire que les artères et les artérioles perdent de leur élasticité, ce qui diminue leur capacité de vasodilatation. C'est pourquoi, en raison de l'augmentation des résistances périphériques, la pression artérielle s'accroît au repos et à l'exercice, ce qui provoque une diminution régulière du débit cardiaque maximal par une altération de la contractilité du ventricule gauche et de la VO_2max chez les seniors sportifs, résultat à la fois de la baisse des capacités cardiaques et du flux sanguin périphériques. Il reste cependant difficile de déterminer la part prise par chacun de ces facteurs dans la diminution de l'aptitude cardio-vasculaire qui accompagne la réduction d'activité physique. Au total, la réduction de l'activité physique, la prise de poids et l'involution des fonctions respiratoires et cardio-vasculaires induisent ensemble une baisse de VO_2max d'environ 5 % par décennie.

Évolution des qualités de force avec l'âge

Les pertes de force musculaire avec l'âge sont le résultat d'une perte substantielle de masse maigre et d'une baisse de l'activité physique. Les séniors ont à la fois une perte de masse maigre et un gain de masse grasse. Selon les études, l'augmentation apparente du nombre de fibres lentes pourrait être due à la diminution du nombre de fibres rapides, laquelle entraînerait alors une proportion plus importantes de fibres lentes. Il se dit que le nombre de motoneurones rapides diminuerait, supprimant ainsi l'innervation desdites fibres. N'étant plus activées, ces fibres rapides dégénéreraient et disparaîtraient. Plusieurs travaux montrent que la taille et le nombre de fibres musculaires rapides diminuent avec l'âge, de l'ordre de 10 % par décennie. Cela pourrait expliquer l'atrophie des muscles au fur et à mesure de l'avance en âge. Il semble qu'en prenant de l'âge, la taille des fibres lentes diminue également. Cet effet peut être diminué par l'entraînement puisque chez les sujets s'entraînant, la surface de section des fibres musculaires ne diminue pas autant. D'autres études ont montré une nette baisse de l'aptitude du système nerveux à transmettre l'information et à activer le muscle. L'âge affecte spécifiquement la capacité de détecter correctement un stimulus et de produire la réponse adaptée. Ainsi, la force d'un individu diminuant avec l'âge, résulte d'une diminution de l'activité physique et de la masse musculaire. Cette dernière étant la conséquence d'une diminution de la synthèse protéique avec l'âge et la perte d'unités motrices à fibres rapides. Nonobstant, l'entraînement permet d'atténuer les effets de l'âge car il a été observé que la qualité des muscles peut être préservée, en dépit de la perte de masse musculaire. Ici, le nombre de capillaires par unité de surface est le même chez les jeunes athlètes et chez les plus âgés. Par exemple, l'activité des enzymes oxydatives des séniors sportifs, spécialistes d'endurance n'est que de 10 à 15 % inférieure à celle des jeunes adultes. De fait, la capacité oxydative du muscle squelettique est donc peu affectée par l'âge, ce qui suggère que l'âge a peu d'effet sur l'adaptabilité des muscles à l'entraînement.

Caractéristiques des éléments relatifs à la force chez le senior

- La force maximale est atteinte entre 20 et 30 ans puis elle décline pour atteindre à 65 ans environ 75 % de sa force maximale.
- La diminution de la force est moins prononcée pour les muscles du tronc puis de plus en plus pour les membres inférieurs puis enfin pour les membres supérieurs.

- La surface de section transversale des fibres se réduit progressivement mais proportionnellement moins que la réduction de la force car le tissu conjonctif et les dépôts adipeux augmentent dans les muscles avec l'âge.
- Les unités motrices les plus rapides (fibres IIa et IIb) diminuent à partir de 30 ans et la surface occupée par les fibres de type I augmente proportionnellement.
- Chez la personne âgée, l'entraînement de la force, s'il est adapté, augmente la surface transversale de leur muscle, limitant ainsi cette réduction inexorable de la force.

Entraînabilité du sujet âgé

En dépit d'une baisse liée à l'âge, les séniors ont une certaine aptitude à l'entraînement d'endurance et de force. Des gains de 20 % au niveau de la VO_2max ont été observés aussi bien chez les hommes que chez les femmes après un entraînement de neuf à douze mois chez des sujets pratiquant la marche, la course ou les deux à raison de six kilomètres par jour. Ce même pourcentage se retrouve chez des sujets âgés d'une vingtaine d'années, ce qui indique que l'entraînement en endurance produit les mêmes effets sur l'aptitude aérobie, chez les sujets de 20 à 70 ans. Ces adaptations sont donc indépendantes de l'âge, du sexe et du niveau d'aptitude initial, ce qui ne veut pas dire pour autant que les séniors sont capables des mêmes performances que leurs cadets. Il semble cependant que l'amélioration de la VO_2max chez les plus jeunes soit due à une augmentation du débit cardiaque alors que chez les séniors, il s'agirait plutôt d'une amélioration plus importante du potentiel enzymatique. Cela suggère donc que les facteurs périphériques jouent un rôle plus important chez les séniors que chez les sujets plus jeunes. En outre, de récentes études semblent indiquer que la pratique d'activité a un léger impact positif sur la longévité. Cependant, elles demeurent trop peu nombreuses pour en déduire une généralité. Aussi, l'entraînement aérobie induit des gains semblables chez les sujets sains, quels que soient leur âge ou leur sexe. De plus, les effets de l'entraînement aérobie sont principalement dus à une augmentation de la capacité oxydative chez les sujets âgés, et du débit cardiaque maximal chez les sujets jeunes. En outre, l'âge ne semble pas affecter l'augmentation de la force et l'hypertrophie musculaire liées à l'entraînement.

QUESTIONS

1. Donnez les réponses du sujet âgé à un entraînement de force ou aérobie.
2. En quoi l'entraînement peut-il retarder les effets de l'âge ?
3. Décrire les modifications musculaires liées à l'âge et leurs impacts sur les performances.
4. Comment évolue la fréquence cardiaque maximale (FCmax) avec l'âge ?
5. Quelles modifications cardio-vasculaires apparaissent avec l'âge ? En quoi affectent-elles la VO_2max ?

CORRIGÉS

CHAPITRE 1

1. Donnez une définition de l'entraînement.

C'est la pratique régulière et méthodique d'exercices, qui permettent le développement des ressources physiques, technico-tactiques et psychologiques pour atteindre un optimum de performance au regard d'une activité particulière et d'échéances particulières.

C'est donc l'ensemble des procédures complexes permettant le développement optimal des ressources physiques, psychologiques et technico-tactiques de l'athlète pour atteindre un optimum de performance au regard d'une échéance donnée dans une activité particulière. Ces procédures répondent à une logique préalablement programmée et réajustée en fonction des réponses du sportif, des contraintes humaines, matérielles et environnementales. C'est donc un ensemble d'action dont la finalité est d'obtenir des transformations caractérisées comme déterminantes de la performance.

2. Quels sont les domaines d'intervention de l'entraîneur ?

Les domaines d'intervention s'opèrent sur différents registres et en premier lieu sur les ressources des athlètes. Ces interventions visent donc au développement des qualités physiques, énergétiques, techniques, tactiques et psycho-sociologiques. En second lieu, elles visent à l'opérationnalisation et à l'organisation de la vie physique de l'athlète notamment par la gestion des périodes de travail, de récupération et des compétitions.

3. Pour quelles raisons pouvons-nous caractériser le rôle d'entraineur comme complexe ?

La complexité de l'activité de l'entraîneur tient à la diversité et à la complémentarité des secteurs d'interventions nécessitant une synthèse des connaissances pratiques (empiriques de terrain) et des connaissances théoriques (objectives des sciences).

4. Citez deux auteurs de référence qui ont défini la périodisation de l'entraînement.

À l'origine, Zatziorsky (1966, d'origine russe) a défini les bases de l'entraînement en caractérisant des objectifs et des efforts différenciés (efforts répétés, maximaux et dynamiques). La périodisation (PPG, PPA, PPS) déterminée par Pradet (d'origine française) est à mettre en analogie avec celle proposée par Egger (d'origine suisse) : phases extensive, intensive et dynamique.

5. Qu'est-ce que la prophylaxie ?

La prophylaxie désigne les processus actif ou passif ayant pour but de prévenir l'apparition d'une maladie. Ici, l'objectif est de limiter les facteurs traumatiques liés à la technicité du geste, à la répétition et à la fatigue. Le développement proprioceptif et kinesthésique permet de réduire les contraintes mécaniques et de résister aux forces gravitationnelles et/ou inertielles. Des méthodes actives de prévention permettent de réduire considérablement les blessures notamment grâce à l'évolution des méthodes de récupération. Par exemple la cryothérapie, grâce au choc thermique, permet une modification du flux sanguin (vasoconstriction puis vasodilatation) en accélérant le processus de drainage des tissus et une meilleure élimination des toxines.

6. À quoi correspondent les notions de préparation physique dissociée, associée et intégrée ?

En premier lieu, nous avons la préparation physique dissociée. Dans ce cas, les séances physiques et technico-tactiques sont séparées dans la journée pour utiliser des exercices physiques programmés en dehors de la séance sportive proprement dite.

Dans la préparation physique associée, le temps et les charges de travail physiques et techniques s'alternent dans la séance. Elle a comme objectif d'étayer la performance par des exercices ciblant une qualité physique particulière. Cette dernière peut être située soit au début, au cours ou à la fin de l'entraînement. On utilise essentiellement la préparation physique associée lors de la période de maintien du potentiel.

Enfin dans la préparation physique intégrée, la dimension physique s'applique de façon spécifique à la discipline et au sujet généralement à des fins technico-tactiques. Nous retrouvons surtout cette préparation physique intégrée lors de la période d'affûtage et durant la période compétitive.

7. Pour quelles raisons le processus d'entraînement doit-il être rationalisé ?

L'entraînement doit permettre aux sportifs de pouvoir s'exercer de manière intensive et sécuritaire ; d'atteindre ses objectifs. Or, le sport de haut-niveau nécessite la mise en place d'habiletés motrices complexes nécessitant l'optimisation de qualités physiques pouvant s'interférer les unes avec les autres. La rationalisation passe par une méthodologie de l'entraînement, la mise en place de cycles objectivables par des tests.

8. Caractérisez les intérêts et limites des charges libres, des charges guidées.

Les appareils de musculation guidés assurent une pratique des exercices en toute sécurité. Cependant, les exercices sur système à charges guidées ne sollicitent que faiblement la coordination posturo-cinétique. Les muscles stabilisateurs responsables de l'équilibre à partir duquel s'établit la chronologie des actions segmentaires, de même que les références proprioceptives impliquées dans le positionnement des ceintures sont peu ou pas mobilisés. Les exercices sur appareils guidés apparaissent donc assez restrictifs si l'on considère les effets induits au niveau des synergies musculaires. Les sportifs experts préfèrent les exercices avec haltères et charges libres qui sollicitent les coordinations inter et intramusculaires où les transferts sont d'autant favorisés.

9. Qu'est-ce que le principe de surcompensation ?

La surcompensation est le principe essentiel permettant la progression. Il se base sur le principe d'adaptation. Les structures osseuses, musculaires, nerveuses, métaboliques, etc. s'adaptent aux contraintes induites par l'exercice. Suite à l'exercice et à la fatigue induite, il s'ensuit une phase de récupération. Lors de la phase de récupération (post-entraînement), une surcompensation permet aux réserves énergétiques de se reconstituer à un niveau supérieur au niveau initial. Cette phase de surcompensation autorise une amélioration des potentialités.

10. Qu'est-ce que le principe de réversibilité ? Quel est l'intérêt d'un apprentissage distribué ?

Les adaptations induites par l'entraînement sont réversibles. Ainsi, quand l'intensité ou le volume d'entraînement diminue en dessous d'un certain seuil, le niveau de performance décroît. Cependant, plus les phases d'entraînement ont été longues, plus les adaptations sont durables. L'entraînement distribué se répartit dans la durée car il résiste mieux au « désentraînement ».

11. Qu'est-ce que la coordination posturo-cinétique ? Quelles incidences pouvez-vous caractériser pour l'entraînement ?

Le maintien de l'équilibre s'établit à partir de synergies posturales des muscles stabilisateurs. Des stratégies posturales différenciées ont été mises en évidences (selon l'âge, l'expertise, la tâche...). Tout déplacement segmentaire génère un déséquilibre ; des ajustements posturaux anticipés (APAs) permettent de répondre à ces perturbations. Les exercices de gainages permettent de stabiliser la posture par des stratégies « en bloc » mais ne sont pas suffisants (car ce mode de régulation est propre aux novices). Les modes de stratégies plus élaborées font apparaitre une dissociation des ceintures. Les exercices de gainage doivent donc se concevoir en rapport à des exercices spécifiques de déséquilibres endogènes et exogènes.

12. Qu'est-ce que le principe d'interférence ? Citez un exemple.

La réalisation d'un exercice ou d'une qualité physique peut interférer sur le développement d'une autre. Ainsi, les efforts répétés jusqu'à la fatigue pour hypertrophier le muscle peuvent impacter négativement la vitesse de contraction musculaire.

13. Quel est l'intérêt d'un test de rétention ?

Les tests réalisés suite à un cycle d'apprentissage s'apparentent à un test de performance dont la motivation, le stress, la continuité du contexte, etc. peuvent influer le niveau de réalisation. Lors d'un test de rétention, suite à la phase d'acquisition, la même tâche est demandée au sujet. Le test de rétention permet de mesurer la « résistance » à l'oubli et les effets de l'apprentissage.

CHAPITRE 2

1. Caractérisez les habiletés motrices.

Les habiletés motrices permettent d'effectuer une tâche avec une grande efficacité, un minimum d'énergie et de temps. Ces critères caractérisent la performance sportive. Les habiletés motrices s'expriment par et à travers le geste technique. Une des classifications se réfère au degré de variabilité contextuelle en différenciant les habiletés fermées (à haut degré de stabilité) des habiletés ouvertes (à haut degré d'incertitude).

2. Donnez une définition de l'endurance.

L'endurance est la capacité à maintenir un effort dans la durée selon une cadence, une charge, une puissance ou une amplitude sans une baisse de performance.

3. Donnez une définition de la puissance.

D'un point de vue théorique nous avons la relation : P = F*V (où P = puissance, V = vitesse et F = force).

Il y a une relation curvilinéaire entre la force et la vitesse (voir la courbe force-vitesse). Ainsi, la puissance maximale est développée pour des niveaux de force moyens (≈ 50%). La puissance détermine en partie l'explosivité de l'athlète.

4. Définissez et citez un exercice de type pliométrique ?

Un exercice pliométrique est la combinaison d'une contraction excentrique suivit d'une contraction concentrique (le délai entre l'étirement et la contraction doit être court). L'essentiel des mouvements humains s'effectue selon ce principe car il permet un meilleur rendement musculaire notamment par la restitution de l'énergie élastique. Le « drop jump » est caractéristique d'un exercice pliométrique spécifique.

5. Qu'est-ce que l'unité motrice ? Quelle est l'incidence fonctionnelle ?

L'ensemble composé d'un motoneurone, de la plaque motrice et des fibres musculaires sous son contrôle forme une unité motrice (UM). L'UM est la plus petite unité contractile que le système peut mettre en jeu. Toutes les fibres musculaires d'une même UM possèdent les mêmes propriétés : physiologiques, histologiques, biochimiques, enzymologiques. Toutes les fibres musculaires sous le contrôle d'un même motoneurone seront stimulées en même temps.

6. Caractérisez la typologie musculaire.

Les fibres musculaires sont classées selon leurs caractéristiques physiologiques. On caractérise trois types de fibres musculaires. Les fibres lentes (ou ST: ou type I: dites rouges) dégradent les glucides et les lipides grâce à l'oxygène sanguin. Ce sont les fibres de l'endurance. Les fibres de type IIa (ou Fta) dites variables, se spécialisent en fonction de l'entraînement en force ou en endurance. Elles commencent à être actives à 35% de la force maximale. Ce sont les fibres à contrations intermédiaires (fibres rapides résistantes). Les fibres IIb (fibres rapides fatigables) exclusivement blanches, sont actives à 60% de la force maximale. Ce sont les fibres à contrations rapides et développent un haut niveau de tension.

7. Pourquoi devons-nous parler de couple de force ?

La mécanique du mouvement ne peut se comprendre qu'en terme de couple de force c'est-à-dire l'action d'une force par son bras de levier. L'action du couple interne ne peut varier que par la modification de la force interne : c'est la force musculaire. Le bras de levier interne demeurant constant pour un même sujet. L'action du couple externe peut varier selon la force externe (soit le « poids » de l'objet) et selon le bras de levier : ces caractéristiques définissent en partie la spécificité de l'exercice. Si le couple interne (force musculaire) est égal au couple externe, l'action induite est un effort isométrique. Si le couple interne est supérieur la contraction est concentrique, sinon la contraction sera excentrique. Il faut noter qu'aux forces gravitaires s'ajoute l'effet des forces inertielles.

8. Qu'est-ce que l'angle de pennation ?

Des recherches sur l'architecture musculaire ont montré que l'arrangement des fibres musculaires varie et détermine la force développée. Généralement les fibres musculaires s'organisent longitudinalement par rapport à l'axe médian du muscle. Cependant, les fibres musculaires peuvent aussi s'organiser autour d'une lame tendineuse ; elles sont alors inclinées. Cette organisation permet d'augmenter la puissance musculaire. Au niveau du triceps sural (mollet), plus l'angle de pennation (inclinaison des fibres musculaire par rapport à la lame tendineuse) est faible, plus la force exercée est importante. L'angle de pennation s'oriente selon les conditions de charges d'entraînement pour produire le maximum de vitesse à charges légères ou le maximum de force à charges élevées. Des études montrent une différence entre les sprinters et les coureurs de longues distances, mais aussi entre les sprinters de niveau international et les sprinters moins performants.

9. Comment pouvez-vous estimer la force maximale d'un sujet ?

Pour une charge donnée, le nombre maximal de répétitions (RM) permet d'estimer la force maximale théorique du sportif : le 10 RM détermine 75% de la force maximale. Des formules permettent aussi d'estimer la force maximale théorique d'un sujet : la plus connue est la formule de Brzycki.

10. Définissez le principe de charge d'entraînement, et la chronologie des variables mise en jeu.

L'entraîneur peut agir sur quatre variables en fonction des objectifs : la quantité de travail, l'intensité de la charge, la vitesse de réalisation et la durée de récupération. Matveiev (1983) a défini l'évolution de la charge de travail lors des différentes phases d'entraînement. Même si nous devions concevoir une potentialisation globale, la PPG se caractérise par une augmentation du volume de travail, la PPA se caractérise par une augmentation de l'intensité du travail (baisse significative du volume), enfin la PPS par une augmentation de la vitesse de travail.

11. Comment devez-vous considérer la PPG ?

Quels que soit la discipline concernée, cette phase permet de limiter les facteurs générés par la fatigue et les spécificités techniques de l'activité pour résister ainsi aux contraintes de l'entraînement. Traditionnellement, la préparation physique généralisée est constituée d'exercices dits fondamentaux. Elle permet d'établir un équilibre général entre les structures musculaires (agonistes et antagonistes), entre l'organisation segmentaire distale et proximale, enfin entre le positionnement des ceintures. Cependant, il faut désormais concevoir une potentialisation plus globale de la PPG en sollicitant aussi durant cette phase la force, la vitesse et la puissance. Ainsi, à une amélioration centrée uniquement sur l'endurance et des exercices de faibles intensités, un travail multiforme autorise, aujourd'hui, une évolution sur tous les secteurs avec une prévenance pour l'endurance.

12. Caractérisez les intérêts et les limites de l'hypertrophie.

Un rapport entre le volume musculaire et la force maximale développée a été montré. Pour certains athlètes, l'hypertrophie est un prérequis au développement de la force. Cependant, l'hypertrophie n'est pas toujours compatible car le rapport poids/puissance doit demeurer le plus favorable possible. De même, pour les sports à catégories de poids, l'hypertrophie peut devenir un handicap.

13. Quels sont les inconvénients du travail excentrique ?

Le travail excentrique s'effectue généralement avec des charges élevées (charges supramaximales). Dans ce cas et pour des raisons de sécurité, il ne peut donc concerner qu'essentiellement des sujets experts. Le temps de récupération est particulièrement long et douloureux (déstructuration des myofibrilles). Ce type de travail ne favorise pas la coordination musculaire, il doit être associé à du travail concentrique.

14. Caractérisez les intérêts et les limites du travail pyramidal.

Le travail pyramidal est un exercice où l'intensité est croissante dans une première phase puis décroissante dans une seconde phase. Il permet un important volume de travail avec de grande intensité. Cependant, lors de la phase montante l'athlète se trouve rapidement fatigué et cela pour réaliser des efforts à charges maximales. La fatigue génère alors un manque d'explosivité ou de relâchement pouvant générer des effets sur les qualités de vitesse. L'alternative est de faire une montée avec des « steps » plus grands et des séries incomplètes et de se concentrer sur la phase descendante. Le sujet demeure ainsi « normalement » explosif lors de ses réalisations.

15. Caractérisez la méthode du « contraste de charge ».

Les exercices en contraste de charges (« méthode bulgare ») favorisent la montée de force (explosivité). Le recrutement des fibres musculaires est expliqué classiquement par le principe de taille de Henneman. Les fibres lentes sont recrutées avant les fibres rapides quel que soit le type de mouvement. Le principe du contraste du lourd (à vitesse lente), léger (à vitesse rapide) et du lourd (à vitesse rapide) permet un recrutement plus rapide des grosses unités motrices.

16. Qu'est-ce que l'affûtage?

Prélude à la compétition, l'affûtage fait l'objet d'un ultime microcycle. Le but est de créer une surcompensation en réduisant partiellement la charge d'entraînement ce qui peut induire une augmentation des performances jusqu'à environ 3%. L'intensité demeure à un niveau élevé pour conserver un niveau optimum de performance. À l'inverse, la baisse progressive du volume (40 à 60%) sur deux à trois semaines favorise la surcompensation. Néanmoins, elle ne doit pas trop se prolonger car elle peut induire alors un « désentraînement ». Durant cette phase, une attention particulière est portée sur les caractéristiques psychologiques et diététiques.

17. Quelles sont les incidences d'un cycle de a) force maximale b) de puissance-force sur les courbes forces/temps et force/vitesse ?

Amélioration de la force maximale

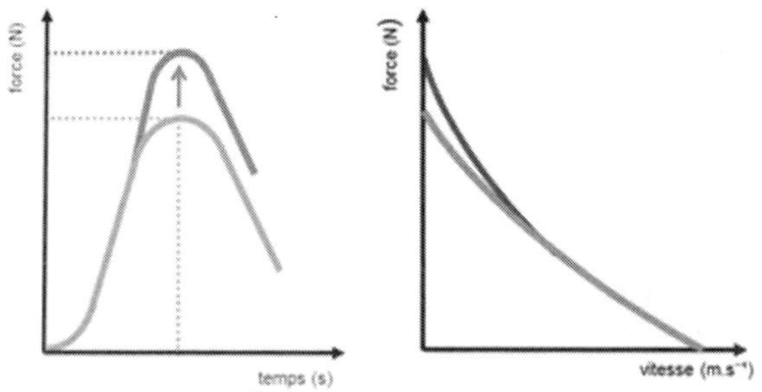

Amélioration de la puissance - force

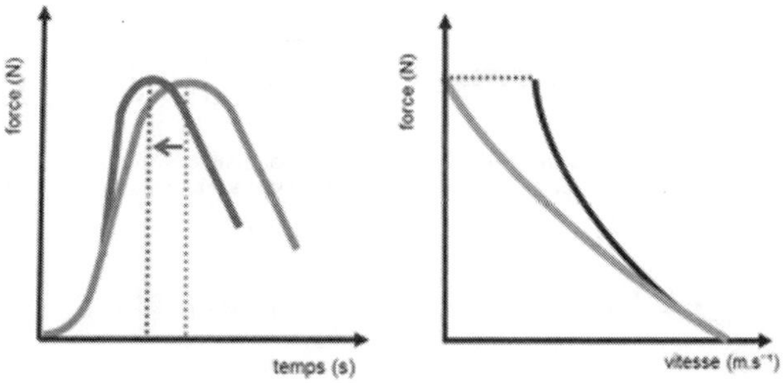

CHAPITRE 3

1. Comment l'entraîneur peut-il s'organiser pour augmenter le volume d'entraînement ? Est-ce vraiment une solution efficace pour favoriser la performance ?

Pour augmenter le volume d'entraînement, on peut augmenter soit la durée, soit la fréquence des séances. Au-delà d'un certain volume d'entraînement, celui-ci est sans effet positif supplémentaire. De nombreuses études ont montré que le gain de performance est identique que ce soit avec un ou deux entraînements par jour. C'est bien l'intensité de l'entraînement qui détermine les adaptations spécifiques. Des entraînements brefs mais de haute intensité sont bien tolérés sur des périodes courtes. Ils augmentent la force musculaire mais ont peu d'effet sur la capacité aérobie. *A contrario*, des entraînements longs et d'intensité plus modérée stimulent le système de transport de l'oxygène et le métabolisme oxydatif, améliorant à terme la capacité aérobie, si l'entraînement stimule entre 50 % et 90 % de la VO_2max.

2. De quels facteurs dépend le développement de la force ?

La possibilité pour un athlète de développer une force importante dépend de différents facteurs et qui sont de trois ordres :

- structuraux : touchant à la composition même du muscle (sarcomères, myofibrilles, fibres)
- nerveux : concernant l'utilisation des unités motrices (coordination, synchronisation, recrutement)
- en rapport avec l'étirement : lequel potentialise la contraction (élasticité, réflexes myotatiques qui reposent sur les fuseaux neuromusculaires et les organes tendineux de Golgi).

3. À quel âge la force musculaire est atteinte ?

La force musculaire maximale est atteinte entre 20 et 30 ans et coïncide avec un pic de production de testostérone

4. Donnez un exemple de séquence permettant le développement de la force par la méthode *bulgare*.

Nous appelons méthode bulgare la méthode qui consiste dans la même séance à utiliser des charges lourdes et des charges légères exécutées rapidement (c'est une méthode par contraste). Par exemple :

- 1X6 70 % suivi de 1X6 50 % à vitesse maximum

Nous retrouvons également la méthode bulgare dans la série qui consiste à alterner dans la même série des charges lourdes et des charges légères ce qui suppose de modifier la charge pendant la série. Par exemple :

- 2 répétitions à 70 % puis 2 à 50 % puis 2 répétitions à 70 % puis 2 à 50 %

La méthode de la pyramide dans la série : elle suppose également une modification de la charge au cours des répétitions. Par exemple :

- 3 répétitions à 50 %, 2 répétitions à 60 %, 1 répétition à 70 %, 2 à 60 %, 3 à 50 % enchainées)

5. Expliquez par un schéma le système de développement de la force de Zatsiorski. Donnez un exemple pour chaque système.

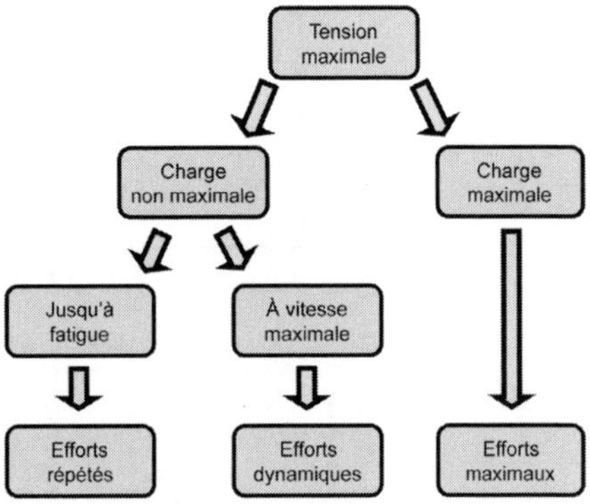

	Méthodes des efforts maximaux	Méthode des efforts répétés	Méthode des efforts dynamiques
Objectifs	Augmenter la force maximale	Augmenter la force endurance	Augmenter la force vitesse
Intensité (% de la force maximale)	Entre 80 et 100 %	Entre 60 et 80 %	Entre 40 % et 60 %
Vitesse d'exécution	Lente	Moyenne	Maximale
Nombre de répétitions	1 à 3	5 à 8	6 à 15
Nombre de séries	5	10	13
Récupération entre les séries	7 min	5 min	3 min
Avantages	Action sur les facteurs nerveux Recrutement maximal sur organisme frais	Action sur les facteurs nerveux et sur la masse musculaire	Action sur la montée en force et la puissance si couplée avec les efforts maximaux (stato-dynamiques)
Inconvénients	Charges lourdes Récupération longue entre les séances	Répétitions efficaces sur un organisme fatigué	Peu d'action sur la force maximale

6. Quels types de force pouvez-vous distinguer ?

La force maximale qui est la force la plus élevée développée lors d'une contraction musculaire volontaire. Elle dépend principalement de la capacité du système nerveux à recruter les unités motrices, de la capacité du muscle à utiliser de l'énergie de manière anaérobie, de la coordination intermusculaire et de la surface de section du muscle (volume total des fibres contenues dans un muscle). Cette force maximale est due à l'utilisation des phosphagènes. Il s'agit de la charge qu'un individu n'est capable de mobiliser qu'une seule fois. Ladite charge correspond à une répétition maximale (RM-1). Lorsque l'athlète est capable de réaliser dix répétitions au maximum, cela correspond à dix répétitions maximales (RM-10). En utilisant la formule de Brzycki qui indique que la charge maximale estimée (RM-1) = Charge optimale / (1,0278-0,0278*nombre de répétitions) alors nous obtenons le tableau suivant. L'utilisation de ce tableau est prioritaire lorsque la détermination de la charge maximale est recherchée car elle répond à un enjeu sécuritaire envers les jeunes athlètes.

Relation entre le pourcentage de la charge maximale et le nombre maximal de répétitions (RM)

Pourcentage de la charge maximale	Nombre maximal de répétitions (RM)
100 %	RM-1
97 %	RM-2
94 %	RM-3
92 %	RM-4
89 %	RM-5
86 %	RM-6
83 %	RM-7
81 %	RM-8
78 %	RM-9
75 %	RM-10

La force vitesse appelée également puissance ou force explosive, est la capacité à vaincre une résistance par une contraction très rapide permettant d'atteindre la puissance maximale. On parle de puissance musculaire car elle résulte du produit de la force et de la vitesse de contraction. Cette relation entre la force et la vitesse est linéaire en condition pluri-articulaire et curvilinéaire en condition mono-articulaire. Étant un des paramètres les plus significatifs de la performance dans de nombreuses activités physiques, l'objectif de l'entraînement est de faire converger la relation force-vitesse vers de plus grandes valeurs de force et de vitesse comme par exemple de diminuer le temps pour soulever une charge déterminée. Ici la montée de la force devra être plus rapide pour atteindre le même résultat qui est ici de soulever une charge.

L'endurance de force représente quant à elle, la capacité à maintenir un pourcentage élevé de la force maximale pendant une longue période de temps. Nous retrouvons ce type de force dans les contractions isométriques. Ou pendant un nombre élevé de contractions anisométriques. Nous retrouvons ce type d'effort dans les activités de combat de préhension comme la lutte et le judo. Cette endurance de force peut être déterminée à partir du temps de maintien d'une charge à des angles préalablement définis ou à partir du nombre de répétitions réalisées à un pourcentage de la force maximale comme par exemple réaliser dix répétitions à 75 % de la charge maximale estimée.

7. Après une séance d'entraînement, les sportifs se plaignent parfois de courbatures. Expliquez pourquoi.

La courbature est une douleur musculaire due à une inflammation du muscle qui est toutefois supportable et qui apparait après un effort important en durée ou en intensité et face auquel le sportif n'est pas préparé. Le ressenti de la douleur survient entre 24 et 48 heures après l'effort et disparaît normalement après une semaine. Il semble que la réaction inflammatoire dans les muscles soit déclenchée par un dommage occasionné par l'exercice dans la structure de soutien au sein du sarcomère.

8. Ces courbatures apparaissent lors de quels types d'effort musculaire principalement ?

La force maximale développée représente environ 125 % de la force maximale concentrique. Les contractions excentriques avec des charges importantes génèrent dans la phase initiale de l'entraînement des douleurs de types courbatures, ainsi qu'une diminution des performances. Ces douleurs s'expliquent par le nombre de fibres musculaires recrutées pour une tension donnée qui est six fois plus élevé en excentrique qu'en concentrique, d'où les microtraumatismes et les réactions inflammatoires. Cette forme de contraction est à utiliser avec parcimonie mais elle permet de changer de stimuli musculaires (stress positif) et d'optimiser les gains de force.

9. Quels sont les effets du désentraînement ? Quelles en sont les raisons ?

Le désentraînement suivant un entraînement de force génère une diminution des performances en force et des désadaptations spécifiques du système neuromusculaire. L'importance de ces désadaptations dépend de sa durée, de l'activité effectuée, du niveau de l'athlète, du volume et de l'intensité de la période d'entraînement qui a précédé cet arrêt. Il est possible de ressentir une augmentation de la force maximale et de la puissance après une courte période d'inactivité si l'entraînement précédant cette phase était volumineux. Après trois semaines d'inactivité, la diminution de la force est inévitable. Les mécanismes associés à cette diminution de la force maximale correspondent à une diminution de l'activation nerveuse volontaire et maximale dès la deuxième semaine d'inactivité, suivie d'une atrophie musculaire. Il substituera toujours un gain de force plus important qu'au début du programme d'entraînement.

10. Comment développer les qualités anaérobies ?

Les méthodes permettant d'améliorer la performance anaérobie sont multiples et variées et dépendent du niveau initial des sportifs et des objectifs à atteindre. Pour ces exercices, il conviendra toujours de proposer des temps de récupération adaptés aux distances de courses et aux effets recherchés. Nous décrirons ici six méthodes.

La répétition des sprints courts entrecoupés de longues périodes de récupération

Il s'agit de réaliser des exercices de sprints brefs de 4 à 6 s ou sur de courtes distances de 10 à 40 m entrecoupés de périodes de récupération passive suffisamment longues pour resynthétiser une partie des réserves de phosphagène. Il faut environ 15 secondespour resynthétiser 50 % des réserves de PCr et plus de 5 minutes pour resynthétiser la totalité de ces réserves.

Pratiquement, l'évolution des performances durant la séance est un indicateur pour réajuster les objectifs. En effet, la détérioration de la performance lors des sprints signifie que la récupération est incomplète. Chez les athlètes entraines, une récupération passive de 30 secondesest suffisante pour maintenir un même niveau de performance lors de la répétition de sprints de 15 m ; Pour des sprints de 30 m, une récupération d'au moins 1 min 30 est nécessaire pour maintenir le même niveau de performance. Ici, l'objectif de cette méthode vise à améliorer les phases d'accélération et le pic de vitesse comme c'est le cas dans un départ en sprint en athlétisme. Elle permet de diminuer le temps pour atteindre le pic de vitesse tout en diminuant le temps pour l'atteindre. Cette qualité de vitesse se définit comme la faculté d'effectuer des actions motrices le plus rapidement possible par rapport à un signal externe ou non. Certains auteurs distinguent la vitesse acyclique qui correspond à une action motrice isolée et la vitesse cyclique à une succession d'actions identiques comme la course. Pour développer la vitesse, les principes généraux à retenir sont un travail à vitesse maximale sur des temps d'effort brefs. Pour ce faire, l'entraineur peut opter pour diverses formules car la vitesse peut se décomposer. Ainsi, la vitesse de réaction et la vitesse gestuelle se travaillent en obligeant le sportif à travailler à partir de signaux de natures différentes, dans des positions initiales variées. La fréquence gestuelle se développe en utilisant des exercices avec des résistances modérées ou une aide extérieure mécanique ou environnementale. La capacité d'accélération s'améliore par la réalisation d'exercices de répétition gestuelle à travers des actions motrices rectilignes et circulaires.

La répétition de sprints entrecoupés de longues périodes de récupération. Il s'agira ici de répéter des sprints de 30 secondesà 2 min ou sur des distances comprises entre 150 m et 500 m entrecoupées de récupérations suffisamment longues pour, entre autres, resynthétiser les réserves de PCr et reconstituer les stocks d'oxygène. L'objectif est de réduire l'indice de fatigue, c'est-à-dire la phase de décélération lors d'un sprint de 100 m par exemple qui survient aux alentours de 6 s (60 m) lors que les réserves de PCr diminuent. A récupération passive devrait permettre une meilleure resynthèse de la PCr, une meilleure ré-oxygénation de l'hémoglobine et de la myoglobine et un déficit en oxygène au début de l'exercice alors qu'une récupération active permettrait de réduire le déficit en oxygène accumulé en début d'exercice et de solliciter le métabolisme aérobie.

La répétition de sprints courts entrecoupés de courtes périodes de récupération

Cette méthode consiste en la répétition de sprints de 6 s ou sur des distances comprises entre 30 m et 40 m entrecoupées de périodes de récupération courtes de 25 s. Ce type d'exercice correspond aux activités où la capacité à répéter de nombreux sprints est présente avec de courtes périodes de récupération comme dans les sports collectifs. Dans ce genre d'activités physiques, la contribution énergétique du métabolisme anaérobie est prépondérante lors des premiers sprints puis au fur et à mesure des répétitions, le métabolisme aérobie devient prépondérant. Ainsi, lorsque les périodes de récupération entre les sprints sont courtes (environ 20 s) et lorsque les périodes de récupération sont réalisées activement, la contribution du métabolisme aérobie s'accroît davantage que lorsqu'elles sont réalisées passivement. Cette méthode d'entraînement permet d'améliorer simultanément les performances aérobies et anaérobies.

L'apprentissage technique

Les gains en puissance et en vitesse dépendent également des adaptations neuromusculaires. Un apprentissage technique peut générer des gains en puissance ou en vitesse que ce soit dans les phases d'accélération, de pic de vitesse et de décélération. La vitesse de course étant déterminée par deux paramètres c'est-à-dire par le produit de l'amplitude et de la fréquence de foulée, l'entraînement tentera soit d'augmenter un des deux paramètres sans diminuer l'autre. Ici, les parcours, les techniques et les stratégies visant à augmenter l'amplitude de foulées et la fréquence de foulées sont à privilégier.

Le renforcement musculaire

Un renforcement musculaire peut être profitable aux phases d'accélération et de pic de vitesse bien que la force ne soit qu'un des paramètres de la puissance. Comme nous l'avons vu précédemment, la méthode des efforts dynamiques, de pliométrie et de stato-dynamique sont à privilégier et à coupler avec des exercices de force, de saut et de vitesse. Ces exercices pour des athlètes entrainés consistent à travailler la phase d'accélération avec des résistances : partenaires, parachute, charge à tirer.

Le travail en *survitesse*

Il s'agit de courir à des vitesses supérieures à celles atteintes sur une piste plate avec des moyens naturels pour améliorer le pic de vitesse. La course en descente et le tirage sont des moyens pouvant être utilisés et qui augmentent d'environ 10 % le pic de vitesse. Cette technique génère des contractions musculaires plus importantes à partir d'un exercice spécifique de l'activité de sprint.

Effets de l'entraînement en sprint

Un entraînement en sprint de plusieurs semaines chez une population active peut conduire à :

- Une augmentation du pic de concentration de lactate dans le muscle et dans le sang. C'est respectivement le lactate musculaire et la lactatémie.
- Une déplétion plus importante des réserves de glycogène musculaire
- Une augmentation des activités enzymatiques de la glycolyse
- Une augmentation du pouvoir tampon
- Une aptitude à descendre à un pH plus bas et donc une meilleure tolérance à l'acidose

Classification et objectifs des séances continues

Types de séances	Développement	Intensités	Durées	Répétition par semaine
Séances continues intermédiaires	Endurance	% VMA	Supérieure à 45 min	1 à 2
Séances continues rapides	Endurance et VO_2max	85 % VMA	20 à 30 min	2 à 3

Classification et objectifs des séances intermittentes

Types de séances	Répétition par semaine	Phase d'exercice	Phase de récupération	Phase de répétition	Nombre de série(s)	Objectifs
Intermédiaire	2	10 min	5 min	4	1	↑ Endurance aérobie **↑ VO_2max**
Long – long	2	3 à 10 min 90 % à 100 % VMA	3 à 4 min RA	4	1	↑ Endurance aérobie ↑ VO_2max

Types de séances	Répétition par semaine	Phase d'exercice	Phase de récupération	Phase de répétition	Nombre de série(s)	Objectifs
Moyen – moyen	3	30 secondesà 2 min 100 % à 110 % VMA	30 secondes à 3 min RA	de 5 à 12	de 1 à 3	↑ VO_2max
Court – court	2	10 secondesà 20 s 110 à 130 % VMA	10 à 20 secondes RA ou RP	de 10 à 15	de 3 à 5	↑ VO_2max ↑ Capacité anaérobie

11. Quelles sont les composantes de la capacité aérobie ?

Les composantes de la capacité aérobie sont la puissance aérobie maximale (PMA) et l'endurance aérobie (EA).

12. Pour quelles raisons est-il nécessaire de développer la capacité aérobie ?

Le développement de la capacité aérobie permet :

- d'améliorer sa condition physique et sa santé
- d'être quotidiennement plus actif sans ressentir une fatigue excessive
- de soutenir des exercices intenses de longue durée
- de mieux récupérer après un exercice intense
- de supporter des charges importantes d'entraînement
- de mieux réussir en compétitions de longues durées

13. Comment peut-on organiser le développement de la force chez des sportifs confirmés et débutants ?

Pour améliorer la force, les séries multiples sont indispensables chez des athlètes entraînés alors que chez les débutants, des séances basés sur des séries uniques (une seule série par exercice) sont suffisantes pour augmenter la force

14. Quels sont les types de coordinations qui améliorent la force ?

Dans un premier temps, c'est l'amélioration des coordinations intermusculaires qui permettent l'amélioration de la force et dans un second temps les coordinations intramusculaires.

15. Quels sont les facteurs qui améliorent la force au cours de l'entraînement ?

La force augmente donc en début de programme d'entraînement par l'intermédiaire des facteurs nerveux puis de façon plus lente par l'influence de l'hypertrophie musculaire qui correspond à l'augmentation de la taille des fibres et donc du volume musculaire

16. Quels sont les facteurs qui expliquent l'hypertrophie musculaire ?

L'hypertrophie s'explique par quatre facteurs principaux à savoir une augmentation des myofibrilles, un développement des enveloppes musculaires (tissu conjonctif), une augmentation de la vascularisation et une augmentation du nombre de fibres, argument qui est encore discuté aujourd'hui.

17. Quelles sont les raisons qui expliquent qu'après une période d'inactivité, la force diminue ?

Après trois semaines d'inactivité, la diminution de la force est inévitable. Les mécanismes associés à cette diminution de la force maximale correspondent à une diminution de l'activation nerveuse volontaire et maximale dès la deuxième semaine d'inactivité, suivie d'une atrophie musculaire. Il substituera toujours un gain de force plus important qu'au début du programme d'entraînement.

18. Quelles sont les raisons qui expliquent qu'après une période d'inactivité, la puissance diminue ?

Après une courte période d'inactivité, la puissance diminue chez les sportifs. Cette perte de puissance est associée à plusieurs facteurs comme une diminution de l'activité enzymatique de la glycolyse, de la force et de la surface de section transversale des fibres musculaires rapides. Si la période d'arrêt est plus longue, nous constatons une diminution de la masse musculaire, de la surface de section transversale des fibres musculaires rapides et lentes et du rapport fibres rapides sur fibres lentes.

CHAPITRE 4

1. Quels sont les intérêts des tests de terrain pour optimiser l'entraînement ?

« L'évaluation du talent et la planification de l'entraînement sont les dimensions essentielles de l'optimisation de la performance » (Adam, 1984). Les différents tests existants et adaptés à l'entraînement sportif ont plusieurs fonctions. Ils permettent d'évaluer le niveau de forme physique à travers l'indicateur que représente le VO_2max ou les caractéristiques des grandes voies du métabolisme de l'athlète que sont la filière anaérobie alactique (puissance maximale), la filière anaérobie lactique (endurance) et la filière aérobie (capacité maximale). Rappelons que le $V0_2max$ ($ml.min^{-1}.kg^{-1}$) est un débit correspondant au volume maximal de dioxygène que l'organisme peut consommer par unité de temps au cours d'un effort suffisamment intense pour conduire le pratiquant à l'épuisement. Les tests de terrain sont plus faciles à appréhender qu'en laboratoire, mais ils sont moins fiables. Ils permettent de connaître à un moment précis de la saison, l'état de la condition physique du sportif, ce qui permet de re-définir des charges individuelles d'entraînement ou d'en évaluer son efficacité pour le réajuster. Il est nécessaire de remarquer que tous les métabolismes interviennent dès le début de l'exercice, seule leur part dans la contribution totale change. L'heure du test peut être prévue durant ces périodes pour donner une indication fiable, mais il est également préférable de programmer les séances d'entraînement durant ces périodes.

Ils doivent être accessibles, pertinents, valides et reproductibles, sans contraindre le travail de l'entraineur et des sportifs.

2. À quel moment les performances maximales du sportif peuvent-elles être atteintes ?

Pour la majorité des sportifs, les performances maximales sont atteintes entre 10 et 13 heures et entre 17 et 20 heures car l'ensemble des facteurs physiologiques convergent dans le sens d'une meilleure contractilité musculaire du fait de la température corporelle qui atteint sa valeur optimale de 37,5 °C.

3. À quel moment atteint-on le pic de vitesse ? Pourquoi ?

Le pic de vitesse est atteint entre 5 et 7 secondes car cela correspond au temps mis par les phosphagènes en stock pour être « consommés ». Le métabolisme anaérobie alactique correspond processus de régénération de l'ATP, lors des exercices d'environ 7 secondes.

4. Citez un test permettant d'évaluer le métabolisme anaérobie alactique. Expliquez.

Le test de « force-vitesse » est réalisé sur une bicyclette ergométrique (Pérez et coll., 1981) où une force de friction (F) est appliquée sur la roue qui tourne à une vitesse (V) déterminant ainsi une relation linéaire entre la force de pédalage (F) et la vitesse correspondante (V). Le sportif effectue en général assis, cinq sprints à intensité maximale, pendant environ 6 à 7 secondes. Différentes forces de friction sont alors proposées (charges croissantes : 0 ; 0,25 ; 0,5 ; 0,75 ; 1 par poids du corps) et sont appliquées sur la roue ce qui produit cette relation linéaire entre la force de pédalage (F) et la vitesse correspondante (V).

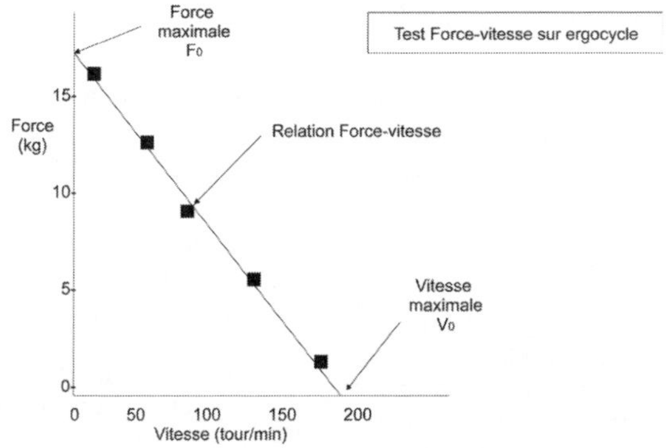

Dans ce test de force-vitesse, la puissance maximale anaérobie alactique ($Pmax_{aa}$) est le produit entre de la force maximale (F_0) développée lors du test et la vitesse maximale (V_0) atteinte correspondante à la force maximale développée.

$Pmax_{aa} = (0,5*V_0)*(0,5*F_0) = 0,25*(V_0*F_0)$

Vitesse maximale (V_0) quand F = 0

Force maximale (F_0) quand V = 0

Vitesse optimale (V_{opt}) quand est atteinte Pmaxaa

Force optimale (F_{opt}) quand est atteinte Pmaxaa

La capacité maximale anaérobie alactique ($Cmax_{aa}$) est quant à elle, le produit entre la puissance maximale anaérobie alactique et le temps ou entre la force maximale (F_0) est la distance. Il vient :

$Cmax_{aa} = F_0*d$ (nombre de tour de pédale multiplié par la distance faite par tour).

5. Comment pouvez-vous caractériser les tests relatifs au métabolisme anaérobie alactique ?

De toute façon, tous les tests s'accordent à montrer que les valeurs de puissance maximale anaérobie alactique sont supérieures chez les sportifs pratiquant des sports de puissance et de vitesse, qu'elles sont supérieures lorsque les épreuves sont proches des exercices réalisés à l'entraînement ou en compétition, qu'elles sont nettement plus faibles chez l'enfant que chez l'adulte et qu'elles décroissent avec l'âge.

6. Après un exercice court et intense, en combien de temps les stocks de phosphagènes sont-ils reconstitués ?

Les phosphagènes sont reconstitués à 70 % en 50 secondes, à 85 % en deux minutes, à 90 % en quatre minutes et à 100 % entre six et huit minutes.

7. Citez un test permettant d'évaluer le métabolisme anaérobie lactique ? Expliquez ?

Le test le plus souvent utilisé en laboratoire est le *Wingate test* (Ayalon et coll., 1974). Ce dernier consiste en un exercice de pédalage assis à vitesse maximale pendant 30 secondes contre une force de freinage constante établie en fonction du poids corporel afin de mesurer la quantité d'énergie produite par le métabolisme anaérobie lactique (glycolyse). Trois indices sont mesurés et peuvent être retenus dans le *Wingate test*. En premier, nous avons la valeur du pic de vitesse et donc du pic de puissance sur les sept premières secondes d'effort. Ensuite, la quantité de travail effectuée pendant les 30 secondes nous indique la puissance moyenne du métabolisme anaérobie lactique et alactique. Enfin, la baisse de puissance au cours de l'épreuve permet d'extrapoler la capacité anaérobie lactique ou endurance anaérobie lactique qui est la faculté de soutenir un pourcentage important de la Puissance pic (P_{pic}). Une résistance de 100 g par kilogramme de poids corporelle soit préférable dans une population sportive moyenne (Vandewalle et coll., 1987). Et la puissance maximale anaérobie lactique ainsi obtenue est exprimée par la formule du test de « force-vitesse » vu précédemment :

- $Pmax_{al} = (0,5*V_0)*(0,5*F_0/2) = 0,125*(V_0*F_0)$

Et la capacité par la formule :

- $Cmax_{al} = F_0*d$ (nombre de tour de pédale multiplié par la distance faite par tour)

La quantité de travail réalisée pendant les 30 secondes l'épreuve est présentée comme une estimation de la capacité maximale anaérobie, c'est-à-dire de la quantité maximale de travail pouvant être réalisée grâce à l'énergie fournie par le métabolisme anaérobie alactique et lactique. En effet, ce test rend difficilement compte de la capacité anaérobie lactique car elle est difficile à distinguer de celle du métabolisme anaérobie alactique en raison de l'intervention quasi immédiat de la glycolyse dès les premières secondes de l'exercice. De surcroît, la capacité anaérobie alactique prend en compte la puissance maximale observée dans les cinq premières secondes des 30 secondes que dure l'exercice et la capacité anaérobie lactique prend en compte la puissance moyenne sur les 30 secondes.

La baisse de puissance constatée au cours du *Wingate test*, qui est la différence entre le pic de puissance (P_{pic}) et sa valeur la plus basse pendant l'épreuve divisée par le temps écoulé entre ces deux valeurs, est un indice de fatigabilité. Une corrélation positive a été trouvée entre ce dernier et le degré d'hypertrophie des fibres musculaires de type rapide (Bar-Or et coll., 1980).

8. Qu'est-ce que le Wingate test ?

Mais celui qui est le plus souvent utilisé en laboratoire est le *Wingate test* (Ayalon et coll., 1974). Ce dernier consiste en un exercice de pédalage assis à vitesse maximale pendant 30 secondes contre une force de freinage constante établie en fonction du poids corporel afin de mesurer la quantité d'énergie produite par le métabolisme anaérobie lactique (glycolyse). Trois indices sont mesurés et peuvent être retenus dans le Wingate test. En premier, nous avons la valeur du pic de vitesse et donc du pic de puissance sur les sept premières secondes d'effort. Ensuite, la quantité de travail effectuée pendant les 30 secondes nous indique la puissance moyenne du métabolisme anaérobie lactique et alactique. Enfin, la baisse de puissance au cours de l'épreuve permet d'extrapoler la capacité anaérobie lactique ou endurance anaérobie lactique qui est la faculté de soutenir un pourcentage important de la Puissance pic (P_{pic}).

9. Citez un test permettant d'évaluer le métabolisme aérobie. Expliquez.

Le test Vam-éval (Cazorla & Léger, 1992)

Ce test a été mis au point par Georges Cazorla et Luc Léger. C'est un protocole identique au test de Léger et Boucher (1980) mais les plots sont séparés de 20 m sur la piste de 400m. Durant cet exercice de course, la vitesse est augmentée de 0,5 km/h toutes les minutes. On obtient ainsi le volume de dioxygène consommé en faisant le produit entre la vitesse atteinte en « $km.h^{-1}$ » et le coût énergétique moyen en millilitres de dioxygène (O_2) consommé par minutes et par kg de poids qui est de 3,5. D'où :

$VO_2max = 3{,}5*V$ (km/h)

Le test Léger Boucher (Léger et Boucher, 1980)

C'est une variante du test navette qui se fait sur une piste de 400m avec des plots espacés tous les 50 m ou sur une piste de 200 m avec des plots présents tous les 25 m. La condition à respecter pour que le test se poursuive est que le sportif doit être présent en face du plot lors du signal sonore. Le test est terminé lorsque le sportif est en retard au moment du bip sonore. Il vient :

VO_2max (ml.min-1.kg^{-1}) = $14{,}49 + 2{,}143*v + 0{,}0324*v^2$

Pour des enfants :

VO_2max (ml.min-1.kg-1) = $22{,}859*vma - 0{,}8664*âge + 0{,}0667*âge*vma$

Le test-navette de 20 m de Luc Léger (1982)

C'est un test de terrain d'intensité progressive, accessible à tous et permettant d'évaluer un grand nombre de sportifs en même temps. Ce dernier doit réaliser en courant des allers-retours sur 20 m en fonction de la vitesse déterminée par des bips sonores préenregistrés dont l'intervalle de temps diminue toutes les deux minutes. À chaque bip le sujet doit avoir un pied sur la ligne. C'est un test adapté aux sports collectifs notamment de par ses inconvénients, c'est-à-dire un blocage mécanique lors des changements de direction, une cassure de la vitesse c'est-à-dire qui a pour conséquence une rupture de l'état stable du volume de dioxygène consommé, une mise en jeu du métabolisme anaérobie à chaque relance et une lassitude des allers-retours notamment dans les sports co de petit terrain. Ce test-navette (Léger, 1982), permet une bonne corrélation avec tests de laboratoire pour le calcul de la VO_2max. Il vient :

VO_2max (ml.min-1.kg^{-1}) = $5{,}86*v - 19{,}46$

Pour des enfants de moins de 18 ans :

VO_2max (ml.min-1.kg-1) = $31{,}025 + 3{,}238*vma - 3{,}248*âge + 0{,}156*âge*vma$

Le test de Cooper (1968)

C'est l'un des tests les plus connus dans le monde sportif. Il s'agit pour le sportif d'adopter la vitesse qu'il souhaite afin de parcourir la plus longue distance possible en 12 minutes (d_{12}). D'où la formule pour calculer le VO_2max :

VO_2max (ml.min-1.kg^{-1}) = $22{,}351*d_{12} - 11{,}288$

CHAPITRE 5

1. Citez trois méthodes de planification.

Méthode de planification *traditionnelle*

Nous avons la méthode de planification traditionnelle. Par exemple, si nous nous basons sur une programmation sportive annuelle avec une période foncière suivie d'une période spécifique et d'une période terminale ou dite compétitive, il s'agira dans un premier temps de travailler sur le volume et de laisser en retrait l'intensité puis durant la partie spécifique, d'établir un croisement en permettant une augmentation l'intensité des charges d'entraînement et une diminution du volume pour aller vers une augmentation de l'intensité une baisse de volume lors de la période compétitive. C'est ce qu'on appelle la période d'affûtage.

Méthode de planification *prioritaire*

Nous retrouvons également une deuxième méthode de planification qui est dite « prioritaire ». C'est un modèle à variable constante car il y a prédominance soit du volume soit de l'intensité. Nous pouvons retrouver cette planification à dominante qualitative car la variable d'ajustement concerne le volume d'entraînement et nous avons la planification à dominante quantitative car la variable d'ajustement est ici l'intensité. Dans ce cas, le volume d'entraînement est une valeur constante.

Méthode de planification à ajustements *permanents*

Nous retrouvons également un troisième type de planification qui est axé sur des modèles à ajustements permanents. En effet le volume et l'intensité se croisent permanence selon les bilans d'étape effectués par l'entraîneur avec son athlète mais également en fonction des évaluations faites tout au long de l'entraînement. Des feedbacks de ce qui est réalisé à l'entraînement sont relevés ou donnés par l'entraîneur pour permettre un réajustement *in situ* de l'entraînement.

2. Quelle est la durée d'un microcycle ?

La durée d'un microcycle varie entre 3 et 10 jours.

3. Quels sont les principes d'élaboration d'un microcycle ?

Le premier principe à respecter dans l'élaboration d'un microcycle est celui de l'alternance. En effet, une séance d'entraînement difficile ne peut être menée seulement si la récupération est au moins partielle de la séance précédente. Le rôle de l'entraîneur est ici important et c'est cette connaissance empirique de ses séances qui lui permet de gérer au mieux cette alternance. L'estimation de la charge externe peut s'avérer ici intéressante. Ce principe d'alternance concerne également les différentes filières énergétiques. En effet, un entraînement en musculation a des impacts sur les aptitudes anaérobies mais également à un niveau moindre, sur les qualités aérobies et donc la prise en compte de ces différents impacts doit être réalisée pour estimer au mieux la durée nécessaire de récupération car il existe un effet cumulatif de la fatigue. Concrètement, si une séance de musculation a de toute évidence un impact moyen sur l'aptitude anaérobie, l'enchainement de plusieurs séances successives aura un impact important.

4. Définir la période de préparation.

La période de préparation est la période la plus longue dans le cadre e la programmation de l'entraînement. Elle est généralement constituée de microcycles dont l'objectif est d'induire des adaptations physiques, psychologiques et physiologiques, d'où les charges d'entraînement externe et interne élevées. Durant cette période, l'entraîneur, le préparateur physique et le staff médical doivent être attentifs à tous symptômes du surentraînement.

5. Définir la période d'affûtage.

Cette phase dure environ deux semaines et permet au sportif d'atteindre ses performances maximales lors de la compétition. Il s'agit de réduire le volume d'entraînement de 70 % et d'en augmenter l'intensité pour se rapprocher de celle vécue en compétition.

6. Qu'est-ce que la charge externe liée à l'entraînement ? Comment l'estimer ?

La charge d'entraînement externe est une mesure qualitative et quantitative du travail d'entraînement et reflète les caractéristiques d'une séance d'entraînement en termes d'intensité, de volume, récupérations, etc.

Estimation de la charge externe

Pour estimer la charge externe, il est nécessaire de multiplier un indicateur de volume par un indicateur d'intensité ou de difficulté. C'est en général la durée d'effort, en minutes, qui est utilisée pour quantifier le volume des exercices ou de l'entraînement. L'indicateur d'intensité varie selon les auteurs. Certains proposent d'utiliser le pourcentage de la fréquence cardiaque de réserve et de pondérer la charge ainsi calculée par un facteur tenant compte de l'intensité et du sexe. Cependant, cette méthode n'est pas valide pour les efforts maximaux et sous-maximaux car la FC max est atteinte en moyenne entre 85 et 90 % de la VO_2max et n'est donc plus un indicateur pertinent de l'intensité au-delà de ces valeurs. Pour Foster (1998), l'utilisation d'une échelle de perception de la difficulté de l'effort au moins de l'échelle de Borg qui comporte 10 points peut s'avérer utile. C'est une méthode accessible facilement, globale et ne nécessitant aucun matériel. Cependant, son interprétation réside pour une grande part dans sa subjectivité qui peut constituer une source d'erreur non-négligeable. Pour conclure sur ce sujet, le principe général permettant de déterminer la charge externe consiste à multiplier un indicateur de volume par un indicateur d'intensité. De plus, Comme nous l'avons vu précédemment l'entraînement est une sollicitation qui agit sur l'organisme en venant perturber son équilibre. La réponse est donc une adaptation, conduisant à une augmentation de la capacité de performance de l'athlète. Afin d'obtenir une accumulation d'effets positifs, il est nécessaire de respecter certains principes d'entraînement. En effet, Il faut que la charge d'entraînement dépasse un certain seuil qui correspond au niveau de sollicitation pour provoquer une augmentation de la capacité de performance. Si la charge d'entraînement est inadaptée (intensité, durée, fréquence...), l'organisme ne sera pas perturbé (stress) et donc les adaptations ne pourront se faire. Il est possible qu'il se produise une stagnation des potentialités du sportif voire une régression, c'est le surentraînement si l'organisme subit une trop forte perturbation. Ce principe de surcompensation doit prendre en compte certains paramètres à savoir la nature de l'exercice, l'intensité du travail, la durée de l'exercice, le nombre de séries et de répétitions, la durée et la nature de la récupération entre les séries.

7. Qu'est-ce que la charge interne ?

La charge interne reflète les réactions de l'organisme au travail d'entraînement.

Estimation de la charge interne

En ce qui concerne la charge interne, il s'agira de contrôler le niveau de fatigue de sorte qu'il soit suffisamment important pour induire les adaptations recherchées, sans dépasser le seuil à partir duquel l'athlète risque le surentraînement. Le suivi psychologique individualisé peut constituer une alternative intéressante et pertinente au regard de la difficulté à détecter le surentraînement via des marqueurs biologiques difficiles d'accès. Nous détaillerons ces éléments dans la partie Contrôle et suivi de l'entraînement.

CHAPITRE 6

1. Quel intérêt revêt la quantification de la charge d'entraînement dans le cadre d'un entraînement sportif ?

Cela permet une auto-évaluation de l'efficacité de l'organisation de l'entraînement par son organisateur.

- Elle permet une régulation du processus d'entraînement.
- Elle permet une individualisation du processus d'entraînement.
- Elle permet de prévenir les effets néfastes du surentraînement.
- Elle permet au sportif d'être acteur de son entraînement en étant notamment à l'écoute de ses sensations.

2. Calcul de la charge d'entraînement selon la méthode de Banister (1975) ?

Le modèle Banister (1975) permet de quantifier la charge d'entraînement à travers le « TRIMP » (**Tr**aining **Imp**ulse, en unité arbitraire). Ledit modèle est utilisé comme indice du stimulus d'entraînement pour quantifier la charge d'entraînement du sportif en prenant en compte le volume (durée du stimulus) et l'intensité de la charge en fonction de la fréquence cardiaque maximale (FCmax), de la fréquence cardiaque de repos (FCrepos) et de la fréquence cardiaque durant l'exercice (FCex). Ce modèle se traduit de la façon suivante :

Modèle de quantification de la charge d'entraînement
(Banister, 1975)

$$Trimp = W(t) = durée(t)*k*[(FC_{exercice}-FC_{repos})/(FC_{max}-FC_{repos})]$$

$$Trimp [W(t)] = t*k*x$$

$$Avec\ X = [(FC_{exercice}-FC_{repos})/(FC_{max}-FC_{repos})]$$

K est un coefficient pondérateur égal à :

$K = 0.86.e^{1,67*x}$ (pour les femmes)
$K = 0.64.e^{1,92*x}$ (pour les hommes)

3. Quels sont les charges d'entraînement en TRIMP pour Alonzo et Olivia sachant que :

	FCrep	FCmax	FCmoy	Durée de l'exercice en minutes
Olivia	50	185	160	75
Alonzo	43	187	165	45

Maxime : fréquence cardiaque de repos (FCrep) de 50 bpm et une fréquence cardiaque maximale (FCmax) de 185 bpm. Ce dernier effectue un exercice de 75 minutes avec une fréquence cardiaque moyenne de 160 bpm. Ce qui donne :

- (160 – 50) / (190 – 50) ≈ 0,79
- D'où $k = 0{,}64^{*}e^{(1{,}92^{*}0{,}79)} \approx 2{,}92$
- Il vient : TRIMP = 75 (la durée) *2,92*0,79 ≈ 173
- La charge d'entraînement de Maxime est donc de 173 TRIMPS.
- Olivia : fréquence cardiaque de repos (FCrep) de 43 bpm et une fréquence cardiaque maximale (FCmax) de 187 bpm. Cette dernière effectue un exercice de 45 minutes avec une fréquence cardiaque moyenne de 165 bpm. Ce qui donne :
- (165 – 43) / (187 – 43) ≈ 0,85
- D'où $k = 0{,}86^{*}e^{(1{,}67^{*}0{,}85)} \approx 3{,}56$
- Il vient : TRIMP = 45 (la durée) *3,56*0,85 ≈ 136

La charge d'entraînement d'Olivia est donc de 136 TRIMPS.

CHAPITRE 7

1. À quoi sert l'échauffement ?

À chaque contenu d'entraînement doit correspondre un protocole d'échauffement correspondant car chaque séance d'entraînement doit avoir son traitement propre de la mise en activité. Il en est de même pour chaque compétition où la réalisation des exercices d'échauffement doit permettre la mise en condition physiologique et psychologique optimale pour être le plus performant lors de l'épreuve. En effet, dans la pratique sportive, les dimensions bioénergétiques ont des implications variables en fonction du thème de la séance. De plus, le respect de cette relation méthodologique a de bonnes conséquences sur l'approche mentale du sportif pour sa séance. Généralement, nous pouvons proposer quelques séquences du protocole comme le stretching à froid pour les tendons ou la mobilisation segmentaire (synovie), le jogging à vitesse réduite ou une activation cardio-respiratoire progressive comme le peut le rameur. Ensuite, le travail sur les gammes techniques de faible intensité visant les groupes musculaires spécifiques sont à solliciter pour terminer par des exercices de séquences techniques partielles ou globales à intensité progressive afin de se rapprocher au plus près de l'intensité à laquelle est vécue l'activité. La manière de s'échauffer doit obligatoirement correspondre à la séance que vous réalisez. Elle doit être spécifique pour réagir au mieux à la séance proposée. L'échauffement permet une élévation de la température corporelle et musculaire. Celle-ci augmente rapidement et se stabilise aux alentours de 5 min. Les muscles et les tendons sont à environ 37°Celsius au repos. À 39°C on observe un rendement dû à une baisse de la viscosité des muscles, à une augmentation de l'élasticité des tendons, de la souplesse musculaire, du débit sanguin des muscles actifs par un meilleur apport d'oxygène et meilleur drainage des déchets du travail musculaire. Les réactions aux impulsions électriques sont plus rapides. En effet, une augmentation de 2°Celsius de la température corporelle entraîne une accélération de la vitesse de contraction d'environ 20 % car le système nerveux a un fonctionnement optimal à 39°. De plus, l'activité enzymatique augmente et par conséquent les réactions métaboliques associées aux systèmes producteurs d'énergie augmentent également. De surcroît, au cours d'un effort, les cartilages des articulations s'adaptent progressivement en s'imbibant de liquide intra-articulaire. Pour ces raisons, un sujet échauffé à 39°Celsius peut fournir un travail mécanique plus important, avec moins de fatigue, moins de traumatismes musculaires, articulaires et avec une précision supérieure qu'un sujet non échauffé. Pour ce faire, l'échauffement nécessite deux étapes lors de sa réalisation. Une partie générale et une partie spécifique. Une notion de progressivité (dans les charges, dans l'amplitude du trajet moteur, dans la vitesse...) :

L'échauffement général

L'échauffement général permet de mettre en route les grandes fonctions respiratoires et circulatoires de manière progressive. Il permet également au sportif d'entrer dans sa séance ce qui permet une certaine transition entre sa journée et sa séance de de sport. Cet échauffement général est généralement constitué d'activités de type cardiorespiratoire comme la course à pieds, le cyclisme, la corde à sauter, etc.

L'échauffement spécifique

L'échauffement spécifique consiste à s'intéresser aux groupes musculaires ciblés prioritairement en fonction de l'activité pratiquée et de la séance à venir. Le sportif peut utiliser un bâton pour accentuer la rotation des épaules, d'où une sollicitation musculaires et articulaires. La pratique du développé-couché avec des charges légères, en variant les écartements de prises de barre est intéressante, de même que faire des pompes. Le sportif peut également utiliser un élastiband afin de solliciter les biceps, les triceps, les dorsaux, ou les deltoïdes, etc. La répétition de gestes techniques d'abord dans le vide puis à faible intensité constitue également des routines de fonctionnement nécessaires pour une entrée spécifique dans l'activité.

Pour que l'échauffement soit complet, il est utile de donner des repères aux sportifs pour qu'ils s'engagent dans une pratique sécuritaire, autonome et lucide. Ainsi, ils peuvent commencer par travailler le bas du corps sans oublier aucun muscle puis aller progressivement vers le haut du corps, sans oublier la chaîne abdominale qui permet de faire le lien entre le haut et le bas du corps et garantit une meilleure transmission des forces.

2. Que peuvent apporter les étirements dans le cadre de la préparation physique ?

De nombreuses controverses existent dans la communauté scientifique aujourd'hui quant à l'utilisation des étirements. De nombreuses questions se posent quant à leur utilisation dans le cas de la prévention des blessures ou dans l'amélioration la récupération. Pour faire le point complet sur la structure du muscle nécessaire pour appréhender le fonctionnement de l'unité que forme le système muscles-tendons, nous renvoyons nos lecteurs à l'ouvrage de Christine Le Page sur la physiologie aux éditions Ellipses. Nous nous intéresserons ici aux muscles squelettiques que nous présenterons brièvement, qui sont les muscles permettant la locomotion et la motricité volontaire sous influence du système nerveux central. Ces derniers s'insèrent sur les pièces osseuses, via les tendons, afin de produire le mouvement. Les muscles squelettiques qui représentent environ 40 % du poids corporel participent donc à la mobilisation active du corps comme lors de la marche ou pour ouvrir une porte. Ils participent au maintien de la position verticale et 85 % de la chaleur corporelle est produite par les muscles. Une seule cellule musculaire constitue une fibre musculaire. Elle est délimitée par une membrane cellulaire appelée sarcolemme. Cette dernière est composée d'un ensemble de myofibrilles qui sont entourées par le cytoplasme de la cellule musculaire appelé sarcoplasme et contenant plusieurs noyaux cellulaires et de mitochondries. Le sarcoplasme comprend aussi des reticula sarcoplasmiques. Chaque fibre musculaire dispose le long de chacune d'elle de séries de bandes transversales claires et sombres. Ce modèle est appelé sarcomère qui est délimité par deux stries foncées appelées lignes Z qui sont composées par deux myofilaments, le filament fin d'actine et le filament épais de myosine. La contraction musculaire se produit par l'accroche de la tête de myosine sur l'actine c'est le pont actine-myosine. Lors de ce pont d'union, entre l'actine et la myosine, il y a un raccourcissement ou un allongement du muscle par un glissement du filament fin d'actine sur le filament épais de myosine et non pas par un changement de longueur des filaments. Lorsque nous effectuons un étirement c'est un ensemble muscle-tendon qui est étiré. Ces étirements relèvent de différents objectifs. Situé dans le cadre d'un travail particulier et complémentaire à l'activité sportive, cela relève des assouplissements. C'est une méthode d'entraînement permettant de gagner en souplesse tout visant l'augmentation de l'amplitude articulaire et musculaire. Nous rappelons que la souplesse doit constituer un objectif de développement durant l'entraînement. Quant aux étirements proprement dits, ils sont utilisés avant le corps de la séance afin d'optimiser le geste sportif ou alors directement à la fin de la séance dans un but de prévention des courbatures ou des blessures et pour tenter de garantir une meilleure récupération. Durant les étirements, il y a une mise en tension de la structure conjonctive et de la structure tendineuse ainsi que le processus inhibiteur diminuant l'excitabilité des motoneurones

Limites et controverses à propos des étirements

Différentes études ont démontré le faible intérêt des étirements dans la prévention des blessures. En effet, pratiquer des étirements après une séance traumatisante peut perturber la réparation musculaire voire augmenter le degré des lésions. Les microlésions vont engendrer une désorganisation globale au sein du sarcomère. Ainsi, étirer un muscle ayant subi des microlésions peut même en augmenter leur ampleur à cause de tensions importantes imposées aux muscles dans une amplitude inhabituelle. Cependant, chaque sportif peut quand même ressentir le bien-être procuré par les étirements après une séance de sport. Cet effet ressenti est dû à l'effet antalgique procuré par les étirements qui désensibilisent les récepteurs de la douleur.

De nombreux chercheurs concluent que la souplesse est un facteur important dans la prévention des blessures. En effet, la baisse de la raideur musculaire permet d'augmenter l'efficacité du geste. D'ailleurs, de nombreux sportifs font désormais appel aux danseurs et danseuses dans le cadre de séances spécifiques pour améliorer leur souplesse ou investissent le yoga dans le cadre de leur préparation. Les étirements produisent un chute du tonus musculaire, une diminution de la raideur musculaire et produisent un effet antalgique. Il est néanmoins possible de les conserver durant la séance d'entraînement ou lors des compétitions. Après un échauffement général, des étirements de type activo-dynamique (combinaison d'un allongement du muscle jusqu'à la sensation de tiraillement, suivie d'une contraction musculaire statique d'environ sept secondes puis enchaîner sur un travail de type dynamique du muscle sollicité d'environ dix secondes) peuvent être menés afin de rendre le muscle tonique pour ensuite continuer sur du travail spécifique à l'activité pratiquée. Les étirements doivent être abordés de manière intelligente dans le cadre du processus d'entraînement afin d'augmenter l'amplitude articulaire tout en améliorant la production de force la plus importante possible par une augmentation de la raideur musculaire (effet élastique).

CHAPITRE 8

1. En quoi la préparation mentale permet-elle d'optimiser la performance du sportif ?

Nous constatons aujourd'hui une augmentation importante du nombre les sportifs de haut-niveau intégrant la préparation mentale dans le cadre de leur entraînement (physique, physiologique, technico-tactique, nutritionnelle) car à valeur physique et technique équivalente, un mental de haut niveau différencie le champion du simple sportif. Il est toutefois difficile d'évaluer la part des aspects psychologiques dans la performance, mais elle est souvent prépondérante. Le sport de haut niveau semble évoluer dans la bonne direction, le recours au dopage est remis en question, des alternatives éthiques peuvent être proposées, et donc fort logiquement le sportif est à la recherche de tout ce qui va pouvoir optimiser son potentiel. Le sportif cherche à optimiser son potentiel de façon naturelle et sur le terrain, il faut intégrer la préparation mentale comme étant un facteur d'aide à la performance. La qualité de la relation privilégiée entre l'entraîneur et les sportifs permet l'essentiel du travail psychologique, et ce n'est qu'en complément de ce que permet déjà ce travail que le préparateur mental pourra proposer son savoir, pour permettre au sportif de mieux utiliser ses propres ressources.

2. Citez et développez des outils d'évaluation de la forme mentale.

Il existe de nombreuses procédures et modalités d'évaluation notamment par des évaluations écrites par l'intermédiaire des questionnaires et des tests ; des évaluations orales par des entretiens et des discussions ; des évaluations par l'observation du sportif en situation et dans la vie extra-sportive.

Check-up et évaluation mentale

Voici présenté quelques tests écrits simples pour évaluer la forme mentale. Commençons par le check-up. C'est un entretien écrit individualisé permettant de balayer les facteurs influençant directement ou indirectement la performance. Il permet de déceler les domaines où le sportif connaît les défaillances qui méritent une attention particulière (Le Deuff, 2002). Ce check-up est composé d'une dizaine de questions :

- Quelles sont tes objectifs à court terme ?
- Quel est ton projet à moyen long terme ?
- Quelles sont actuellement tes motivations pour pratiquer ton sport ? Comment considères-tu tes entraînements ? Te plaisent-ils ?
- Quelles sont tes relations avec ton ou tes entraîneurs ?

- Quels sont tes relations avec ton ou tes coéquipiers ?
- Penses-tu que tes parents te soutiennent dans ton investissement ?
- Quels sont les facteurs qui te stressent ?
- Peux- tu te souvenir du compétition très réussie ? Quelle préparation préalable ? Qu'as-tu retenu de cette compétition ?
- Peux-tu te souvenir d'une compétition catastrophique ? Quelles explications donnerais-tu ?

Test du Dr. Loehr (1983) et évaluation mentale du sportif

Dans cette même optique, le docteur Loehr (1983) a mis au point un test psychologique permettant d'identifier la forme mentale en fonction de sept variables :

- L'énergie positive.
- La confiance.
- L'énergie négative.
- Le niveau de motivation.
- Le contrôle de l'attention.
- Le contrôle de l'attitude.
- Le contrôle de la visualisation.

Ce test psychologique est composé de 42 questions ayant chacune cinq réponses possibles à chaque fois notée de « 1 : presque jamais » à « 5 : presque toujours ». En additionnant les scores, il est possible d'établir un profil psychologique du sportif en termes de forces et faiblesses mentales. Si le score est inférieur à 20, le sportif nécessite une attention particulière. Si le score est de 26 à 30, le sportif dispose d'excellentes aptitudes mentales. Pour un score entre 20 et 25, il existe de motifs d'amélioration et si le score est de 6 à 19 alors, le sportif nécessite une attention spéciale.

Évaluation de la forme mentale pré et post-compétitive

Un autre aspect de cette préparation mentale concerne l'évaluation de la forme mentale dans la période pré et post-compétitive. Il s'agit pour le sportif de répondre à quelques questions qui peuvent être de cet ordre :

Pour la période précompétitive :

- Comment dois-je me préparer ?
- Quels sont mes forces et mes faiblesses ?
- Quelles sont les forces et les faiblesses que peuvent me poser l'adversaire ?
- Quels sont les éléments à maîtriser pendant la compétition afin de m'exprimer pleinement ?

Pour la période post compétitive :

- Quels ont été mes points forts et mes points faibles durant la compétition ?
- Quelles ont été les problèmes posés par mon ou mes adversaires ?
- Quels problèmes ai-je pu poser à mon ou mes adversaires durant la compétition ?
- Quelles ont été les périodes clés de la compétition qui ont influencées l'issue de la rencontre ?
- Si je pouvais revenir en arrière et disputer à nouveau cette compétition. L'issue aurait-elle été identique ? Pourquoi ?
- Quels sont les deux ou trois mots qui caractérisent au mieux la compétition vécue ?

Évaluation mentale et inventaire de la confiance en soi (ACEP, 1989)

Un autre test permet d'évaluer les aptitudes mentales du sportif dans une optique de performance. C'est l'inventaire de la confiance en soi d'après ACEP (1989). Pour plus de détails n'hésitez pas à consulter le livre de Le Deuff (*Entraînement mental du sportif : Comment éliminer les freins psychologiques pour atteindre les conditions optimales de Performance*, 2002).

CHAPITRE 9

1. Pourquoi l'entraînement de force peut-il être néfaste pour l'enfant ?

L'entraînement du jeune sportif peut être néfaste particulièrement lors des pics de croissance. L'augmentation de force permet une amélioration de la coordination motrice grâce à une meilleure synchronisation des unités motrices. Cependant chez les jeunes enfants, les cartilages supportent mal les forces de pression et de cisaillement car les tissus tendineux et ligamentaires sont encore sensibles aux forces de traction. Des pathologies peuvent survenir lors d'une pratique intensive c'est-à-dire au-delà de quinze heures d'activité sportive par semaine.

2. Caractérisez l'intérêt du contrôle de la coordination posturo-cinétique.

La coordination posturo-cinétique permet de contrôler le mouvement tout en conservant l'équilibre. En effet, tout déplacement segmentaire provoque un déséquilibre transitoire dû au déplacement du centre de gravité. Ce déséquilibre est proportionnel aux forces inertielles comme la masse ou la vitesse par exemple, générées par le mouvement. La coordination posturo-cinétique permet l'expression d'une habileté avec plus de vitesse, de force ou de précision.

3. Comment pouvez-vous solliciter la coordination posturo-cinétique ?

Dans un premier temps, les exercices de gainage et de contrôle posturaux sont fondamentaux pour les novices. Cela est considéré pour le débutant comme un renforcement à part entière alors que pour les plus experts c'est une forme idéale d'échauffement. L'alignement des ceintures en statique devient rapidement un exercice aisé. S'il est possible de lester les segments où de résister à la fatigue en prolongeant la durée de maintien, l'exercice demeure alors relativement pauvre. Pour améliorer le « versus cinétique », il est indispensable de provoquer des déséquilibres endogènes et exogènes. Dans un deuxième temps, il est donc demandé de maintenir la posture dans un équilibre instable (réduction de la surface d'appui, puis appuis sur surface mobile...). Dans un troisième temps, le sujet fixe les alignements tout en réalisant un déplacement segmentaire (perturbation interne) de plus en plus complexe. Dans un quatrième temps, il maintient les caractéristiques des contrôles face à des perturbations externes (un mode de contrôle dissocié apparaît). Enfin, dans des conditions extrêmes d'incertitudes, les difficultés sont combinées : l'entraîneur peut de plus agir sur la contrainte temporelle, sur une pré-fatigue, sur la précision. L'entraînement s'oriente alors vers un travail de plus en plus spécifique.

Tous ces exercices permettent le développement de la proprioception en favorisant une meilleure maîtrise du placement-déplacement lors du geste technique quelle que soit l'incertitude du contexte.

4. Quels sont les effets d'un entraînement aérobie durant la période prépubertaire ?

De nombreuses études indiquent que chez les enfants prépubères, l'entraînement aérobie a quelques effets sur l'augmentation de la VO2max, tout en constatant une amélioration de la course due à des facteurs internes favorisant le rendement. Ces légères améliorations sont toutefois plus faibles que chez l'adolescent et l'adulte. Pour rappel, le VO2max est en grande partie déterminé génétiquement.

5. Quels sont les effets d'un entraînement anaérobie durant la période prépubertaire ?

L'entraînement anaérobie génère des transformations. Ainsi, les enfants ont une augmentation des stocks de phosphagènes (ATP+CP) et de glycogène, de l'activité de l'enzyme phosphofructokinase et des concentrations maximales de lactate sanguin. L'entraînement d'endurance augmente le seuil ventilatoire des adolescents.

CHAPITRE 10

1. Donnez les réponses du sujet âgé à un entraînement de force ou aérobie.

De nombreuses études montrent qu'il existe des possibilités d'amélioration des qualités aérobies, notamment par une amélioration du potentiel enzymatique et de force par une augmentation de la surface de section des fibres musculaires chez les seniors qui ont une activité à haute intensité.

2. En quoi l'entraînement peut-il retarder les effets de l'âge ?

À partir de 25 à 35 ans, les performances dans les activités de force et aérobies diminuent environ de 1 à 2 % par an. Cependant, l'entraînement aérobie induit des gains similaires chez des sujets sains quel que soit l'âge ou le sexe par une augmentation de la capacité oxydative chez le senior.

3. Décrire les modifications musculaires liées à l'âge et leurs impacts sur les performances.

La force du sujet diminue avec l'âge. Ceci est dû à une diminution de l'activité physique et de la masse musculaire. Cette dernière est due à une diminution de la synthèse protéique avec l'âge et la perte d'unités motrices à fibres rapides. La baisse de la performance aérobie chez les seniors est due à une diminution du débit sanguin général et périphérique. L'entraînement régulier atténue les effets de l'âge.

4. Comment évolue la fréquence cardiaque maximale (FCmax) avec l'âge ?

Selon la formule de prédiction approximatif de FCmax, (FCmax = 220- âge), la FCmax diminue avec l'âge. Cette réduction du rythme cardiaque maximal est due aux altérations morphologiques et électrophysiologiques du tissu de conduction cardiaque et tout spécialement du nœud sinusal et du tronc du faisceau de His.

5. Quelles modifications cardio-vasculaires apparaissent avec l'âge ? En quoi affectent-elles la VO_2max ?

La baisse de la performance aérobie qui se caractérise entre autres par la VO_2max, est due à une diminution du débit sanguin général et périphérique.

BIBLIOGRAPHIE

- Abe, T., Kumagai. K. & Brechue, W.F. (2000). Fascicle length of leg muscles is greater in sprinters than distance runners, *Med Sci Sports Exerc., 32(6).*1125-9.
- Andersen J.L., & Agaard P. (2000). Myosin heavy chain IIX overshoot in human skeletal muscle. *Muscle Nerve. 23(7)* :1095-104.
- Anderson, T., and J. T. Kearney (1982). Effects of three resistance training programs on muscular strength and absolute and relative endurance. *Res. Q.* 53 :1–7.
- Azizi, E., Brainerd, E.L., & Roberts, T.J. (2008). Variable gearing in pennate muscles. *PNAS, 105*(5), 1745-1750.
- Baudry, S., & Duchateau, J. (2007). Postactivation potentiation in a human muscle : effect on the load-velocity relation of tetanic and voluntary shortening contractions. *J Appl Physiol, 103*, 1318-1325.
- Behm, D.G., Faigenbaum, A.V., Falk, B., & Klentrou, P. (2008). Prise de position de la société canadiennne de physiologie de l'exercice : l'entraînement à la force chez les enfants et les adolescents. *Physiol Appl Nutr Metab, 33*, 1-20.
- Bellin du Coteau, M. (1930). La méthode sportive. In Labbé & Bellin du Coteau, *Traité d'Education Physique.* Paris : Doin, 175.
- Berger, R.A. (1961) Determination of the resistance load for 1-RM and 10-RM. *J Assoc Physi ment Rehab.* 15, 132-138.
- Billat, V. (2003). *Physiologie et méthodologie de l'entraînement : de la théorie à la pratique.* Bruxelles : De Boeck Edition, 224.
- Bolliet, O. (2013) Approche moderne du développement de la force, *4 Trainer*, 86.
- Bompa, T. (2007). Périodisation de l'entraînement, *Hispano Europea*, 432.

- Bosco, C. (1985). L'effetto del pre-stiramento sul comportamento del musculo scheletrico e considerazioni fisiologiche sulla forza esplosiva. *Atleticastudi*, 7-117.

- Bosquet, L., Montpetit, J., Arvisais, D., & Mujika, I. (2007). Effects of tapering on performance : a meta analysis. *Med Sci Sports Exerc, 39*(8), 1358-1365.

- Boulday, C., Cottinet, C. & Tanguy, P. (2002). Cahier d'EPS de l'académie de Nantes. 27.

- Broussal, A., & Bolliet, O. (2012). La préparation physique moderne : Optimisation des techniques de préparation à la haute performance, *4 Trainers*.

- Carpinelli, R.N. (2002). Berger in retrospect : effect of varied weight training programmes on strength. *Brit J Sports Med, 36*, 319-324.

- Cavanagh, P.R., & Kram, R. (1989). Stride length in distance running : velocity, body dimension and added mass effects. *Medicine and Science in Sports and Exercise, 4*, 467-79.

- Chelly, S.M., & Denis, C. (2001). Leg power and hopping stiffness : relationship with sprint running preformance. *Med Sci Sports Exerc, 33*, 326-333.

- Classen, J., Liepert, J., Wise, S.P., Hallett, M, & Cohen, L.G., (1998). Rapid plasticity of human cortical movement representation induced by practice. *J Neurophys, 79*, 1117-1123.

- Cometti, G. (1989). *Les méthodes modernes de musculation*. UFR STAPS, Dijon, 1, 350.

- Cometti, G. (1990). *Les méthodes modernes de musculation*, UFR STAPS, Dijon, 2, 300.

- Cometti G. (2012). L'entraînement de la vitesse, *Chiron*, 196.

- Dalleau, G., Rahmani, A., & Verkindt, C. (2007). Relation entre la puissance et la raideur musculotendineuse chez les sportifs de haut niveau. *Sciences & sports 22*(2), 110-116.

- Delignière, D. (2015). Psychologie du sport. *Que sais-je ?*, PUF, 2110.

- Delorme, T.L., & Watkins, A.L. (1948). Techniques of progressive resistance exercise. *Arch Phys Med, 29*, 263-273.

- Démenÿ, G. (1924). *Mécanisme et éducation du mouvement.* Paris : Félix Alcan, (Editions Revue E.P.S., 1993, p.542).

- Den Brinker, B.P., Stabier, J.R., Whiting, H.T.A., & Wieringen, P.C. (1984). The effect of manipulating knowledge of results on the learning of slalom-type ski movements. *Ergonomics, 29*, 31-40.

- Desgorces, F.D, Testa, M. & PETIBOIS C. (2008). Training-level induced changes in blood parameters response to on-water rowing races" *J. Sports Sci. Med. 7 (4)*, 425.

- Desgorces, F.D, Berthelot, G., Dietrich, G., & Testa, M. (2010). Prediction of one repetition maximum strength in bench press from muscular endurance of four athletic populations. *Journal of Strength and Conditioning Research, 24*(2), 394-400.

- Dimitrijevic, M.R., McKay, W.B., Sarjanovic, I., Sherwood, A.M., Svirtlih, L. & Vrbovà, G. (1992). Co-activation of ipsi- and contralateral muscle groups during contraction of ankle dorsiflexors. *J Neurol Sci, 109*, 49-55.

- Donati, A. (1996). The association between the development of strength and speed. *New Studies in Athletics, 2*(3), 51-58.

- Duchateau, J. (1997). L'entraînement de la force : Spécificité et planification. Eurathlon 95. *Les cahiers de l'INSEP, 21*, 85-124.

- Duchateau, J., & Hainaut, K. (2003). Mechanism of muscle and motor unit adaptation to explosive power training, Strength and power. In P.V. Komi Ed., *Strength and power in sport* (p.184-202). Oxford : Blackwell Science.

- Egger, J.-P. (1997). Planification : aspects théoriques. L'entraînement de la force : spécificité et planification. Eurathlon 95. *Les cahiers de l'INSEP, 21*, 185-200.

- Fleck, S.J., & Kraemer, W.J. (1997). *Designing Resistance Training Programs*. Champaign, IL : Human Kinetics.

- Fleck, S. J. (1999). Periodized strength training : a critical review. *J. Strength Cond. Res.* 13 :82–89.

- Fleischmann, E. (1964). *The structure and measurement of physical Fitness*. Englewood Cliffs, NJ : Prentice Hall.

- Fluck M. & Hoppeler H. (2003).Molecular basis of skeletal muscle plasticity from gene to form and function. *Rev Physiol Biochem Pharmacol. 146*,159-216.

- Foran, B. (1985). Advantages and disadvantages of isokinetics, variable resistance and free weights. *NSCA J.* 7 :24 –25.

- Fukunaga, T. (1976). Die absolute Muskeîkrakft und das Muskelkraftraining. *Sportartzt und Sportmedizin, 11*, 255-256.

- Gettman, L.R., & Pollock, M.L. (1981). Circuit weight training : A critical review of its physiological benefits. *Physician and Sportsmedicine, 9*(49), 44-60.

- Gibala, M. J., Interisano, S. A. Tarnopolsky, M. A. & al. (2000). Myofibrillar disruption following acute concentric and eccentric resistance exercise in strengthtrained men. *Can. J. Physiol. Pharmacol.* 78 :656-661.

- Golomer, E., Keller J., Fery Y.A. & Testa, M. (2004). Performance and muscle mass in jumping skills for dancers. *Perceptual and Motor Skills, 98*, 415-418.

- Golomer, E., Guillou E., Testa M., Lecoq C. & Ohlmann T. (2005) Contribution of neck proprioception to subjective vertical perception among experts in physical activities and untrained women. *Neuroscience Letters, 381(1-2)* :31-5, 10-17.

- Goubel, F. (2001). Adaptation des propriétés mécaniques du muscle à l'entraînement. *Sciences & Sports, 16*, 196-203.

- Griffin, L., & Cafarelli, E. (2005). Resistance training : cortical, spinal and motor unit adaptations. *Can J Appl Physiol, 30*(3), 328-340.

- Harre, D. (1976). *Trainingslehre, 6*. Berlin Sportverlag.

- Hass, C.J., Garzarella, L., Dehoyos, D., & Pollock, M.L. (2000). Single vs multiple sets in long term recreational weightlifters. *Medicine and Science in Sports and Exercise 32*, 235-242.

- Hélal, H. (1982). Méthodologie de l'entraînement. *Spécial Sport*. Paris : INSEP.

- Hill, A.V. (1938). The heat of shortening and the dynamic constants of muscle. *Proc Roy Soc, B126*, 136-195.

- Hubiche, J.L. & Pradet, M. (1998) La préparation physique, INSEP, Paris, 271.

- Huijing, P.A. (1994). Mechanische Muskelmodelle. In P.V., Komi, *Kraft und Schnellkraft im Sport*. Colonia, 135-154.

- Jakobsen, M.D., Sundstrup, E., Randers, M.B., Kjær, M., Andersen, L.L., Krustrup, P., & Aagaard, P. (in press, 2012). The effect of strength training, recreational soccer and running exercise on stretch-shortening cycle muscle performance during countermovement jumping. *Hum Mov Sci, march.*

- Kaneko, M., Fuchimoto, T., Toji, H., & Suei, K. (1983). Training effects of different loads on the force-velocity relationship and mechnical power output in human muscle. *Scand J Sports Sci, 5*, 50-55.

- Kaneshita, H., & Myashita, M.(1983). Specificity of velocity in strength training. *Eur J Appl Physiol, 52*, 104–106.

- *Keller J., Lamenoise J.L., Testa M., Golomer E. & Rosey F. (2011). Discontinuity and variability in the development of the overarm throwing skill in 3- to 18-year-old children. International J. Sport Psychol.*, *42, 245-262.*

- Knapp B. (1963). Skill in sport. *Routledge & Kegan Paul.* 204.

- Kotzamanidis, C. (2006). Effect of plyometric training on running performance and vertical jumping in prepubertal boys. *J Strength Conditionning Res, 20*(2), 441-445.

- Kraemer, W. (1992). J. Endocrine responses and adaptations tostrength training. In : *Strength and Power in Sport*, P. V. Komi (Ed.). Boston : Blackwell Scientific Publications, p.291–304.

- Krantz N. (1998). 20 ans de recherches appliquées en méthodologie de l'entraînement sportif. Paris : *INSEP*, 334.

- Kumagai, K., Abe, T., Brechue, W.F Ryushi T Takano, S. & Mizuno, M. (1985). Sprint performance is related to muscle fascicle length in male 100-m sprinters *J Appl Physiol 88 (3)*, 811-6.

- Lloyd, R., & Deutsch, M. (2008). Effect of order of exercise on performance during a complex training session in rugby players. *J Sports Sci, 26*(8), 803-809.

- McCall, G.E., Byrnes, W.C., Dickinson, A., Pattany P.M. & Fleck S. (1996). Muscle fiber hypertrophy, hyperplasia, and capillary density in college men after resistance training. *J Appl Physiol, 81*(5), 2004-2012.

- Mc Dougall, J.D. (1992). Hypertrophy or hyperplasia. In P.V. Komi Ed., Strength and power in Sport, 2, *Encyclopedia of sports medicine.* Blackwell Scientific Publications, 230-238.

- McEniery, C.M., Jenkins, D.G., & Barnett, C. (1997). The relationship between plasma potassium concentration and muscle torque during recovery following intense exercise. *Eur J Appl Physiol Occup Physiol, 75*, 462-66.

- Martin, V., Millet, G.Y., Lattier, G., & Perrod, L. (2004). Effects of recovery modes after knee extensor muscles eccentric contractions. *Med Sci Sports Exerc, 36*, 1907-1915.

- Matveiev, L.P. (1983). *Aspects fondamentaux de l'entraînement* (p.144-155). Paris : Vigot Coll. Sport et Enseignement.

- McCall, G. E., Byrnes, W. C. DICKINSON, A. PATTANY, P.M. & FLECK, S. J. (1996) Muscle fiber hypertrophy, hyperplasia, and capillary density in college men after resistance training. *J. Appl. Physiol.* 81 :2004 –2012.

- Miller, C. (2002). *Principes méthodologiques du renforcement musculaire.* Paris : *INSEP.*

- Millet, G. & Le Gallais, D. (2007). La préparation physique : Optimisation et limites de la performance sportive. *Elsevier Massion,* 390.

- Moritani, T., & DeVries, H.A. (1979). Neurol factors versus hypertrophy in the time course of muscle Strength gain. *Am J Phys Med 58*, 115-130.

- Moss, B.M., Refsnes, P.E., Abildgaard, A., Nicolaysen, K., & Jensen, J. (1997). Effects of maximal effort strength training with different loads on dynamic strength, cross-sectional area, load-power and load-velocity relationships. *Eur J Appl Physiol, 75*, 193-199.

- Mujika, I. (1998). The influence of training characteristics and tapering on the adaptation in highly trained individuals. *Int J Sp Med, 19*, 1-8.
- Philipps, S. M. (2000). Short-term training : when do repeated bouts of resistance exercise become training ? *Can. J. Appl. Physiol.* 25 : 185–193.
- Pletnev, B. (1976). The dynamics of muscle strength using différent combined work with equivalents loads. *Theory and Practice of Physical Culture, 9*, 19-22.
- Pradet, M. (1996). La préparation physique. *Collection entraînement*, Paris : INSEP.
- Poulain, P., & Pertuzon, E. (1988). Etude comparative des effets de trois méthodes de musculation sur les propriétés contractiles et élastiques du muscle. *Annales de kinésithérapie, 15*(4), 167-77.
- Pousson, P. (1990). *Effets de différents types d'entraînement sur la biomécanique des fractions passives et actives de l'élasticité-série.* Thèse Université de Technologie, Compiègne.
- Pousson, M., Van Hoecke, J., & Goubel, F. (1990). Changes in elastic characteristics of human induced by eccentric exercise. *J Biomech, 23*, 343-348.
- Ranganathan, V.K., Siemionow, V., Liu, J.Z., Sahgal, V., & Yue, G.H. (2004). From mental power to muscle power-gaining strength by using the mind. *Neuropsychologia, 42*, 944-956.
- Reiss, D. Prévost, P.(2013). La bible de la préparation physique. Le guide scientifique et pratique pour tous. Paris : *Amphora*, 640.
- Sale, D.G. (1988). Neural adaptation to resistance training. *Medicine and Science in Sports and Exercise, 20*, 135-145.
- Sale, D.G. (2003). Neural adaptation to strength training, In P.V. Komi (Ed.), *Strength and power in sport, Encyclopaedia of sports medicine, Vol.III*, pp. 281-314.
- *Schmidt*, R.A. (*1993). Apprentissage moteur et performance.* Paris : *Vigot.*
- Schmidtbleicher, D., Gollhofer, A., & Frick, U. (1988). Effects of a stretchshortening typed training on the performance capability and innervation characteristics on leg extensor muscles. In De Groot G. et al. (Eds.), Biomechanics XI-A, Vol.7-AG, (pp. 185-189). Free University Press, Amsterdam The Netherlands.
- Schoebel, P., & Hay, L. (1990). Régulation de la foulée dans la course de haies : variabilités des structures spatio-temporelles, *STAPS, 21*, 47-58.
- Strack f. & Deutsch r. (2004). Reflective and impulsive determinants of social behavior. *Pers Soc Psychol Rev, 8 (3)*, 220-247.
- Tesch, P.A. (1988). Skeletal-muscle adaptations consequent to long-term heavy resistance exercise. *Medicine and science in sports and exercise, 20*, 132-134.
- Testa, M. et Thépaut-Mathieu, C. (1985). Effet d'un entraînement isométrique de l'avant-bras sur le membre controlatéral non entraîné, Mémoire STAPS, Université Paris X – INSEP.
- Testa, M., Diop, M. & Peres G. (1994) Effect of posture required by different seats and handlebars on energy-consumption, heart-rate and pedaling activity of the cyclist. *Arch Int Physiol Biochim Biophys.,5 (102),*114.
- Testa M., Martin L. et Debû B. (1999). Effects of the type of holds and movement amplitude on postural control associated with a climbing task" *Gait and posture*, 9, 57-64.
- Testa, M., Martin, L. & Debû B. (2003). 3D analysis of posturo-kinetic coordination associated with a climbing task in children and tennagers", *Neurosci Letters*, *336*, 45-49.

- Testa M., Magnier E., Keller J. & Golomer E. (2003). Head-Trunk-lower limb positioning in jumping task for dance expertise. *ESMAC*, Marseille.
- Testa, M., Noakes, T., & Desgorces, F.D. (2012). Exercise relative volume and training state influence the rating of perceived exertion during resistance exercise. *J Strength Cond Res,* 26(11), 2990-96.
- Thépaut-Mathieu, C., Miller, C., & Quièvre, J. (1997). Entraînement de la force : spécificité et planification. *Les cahiers de l'INSEP, 21.*
- Thomson, D.M., Fick, C.A., & Gordon, S.E. (*2008*). AMPK activation attenuates S6K1, 4E-BP1, and eEF2 signaling responses to high-frequency electrically stimulated skeletal muscle contractions. *J App Physiol, 104(3), 625-632.*
- Tschiene, P. (1986). *Modifications dans la structure du cycle annuel d'entraînement.* Traduction INSEP, 547.
- Thomas, R., Eclache, J.P., & Keller, J. (1989). *Les aptitudes motrice : structure et évaluation.* Paris : *Vigot.*
- Van Cutsem, M., Duchateau, J., & Hainaut, K. (1998). Changes in single motor unit behaviour contribute to the increase in contraction speed after dynamic training in humans. *J Physiol, 513,* 295-305.
- Walshe, A.D., Wilson, G.J., & Murphy, A.J. (1996). The validity and reability of a test of lower body musculotendinous stiffness. *Eur J Appl Physiol, 73,* 332-339.
- WiemannK., Klee A. (2000) Die Bedeutung von Dehnen und Stretching in der Aufwärmphase vor Höchsstleistungen. de Leistungssport, 4, 5-9.
- Weineck, J. (1996). *Manuel de l'entraînement.* Paris : Vigot, 577.
- Werchoschanski, J.W. (1992). *L'entraînement efficace.* Paris : *PUF.*
- Zatsiorsky, V.M. (1966). *Les qualités physiques du sportif.* Trad. fr., doc. INSEP n° 685.

Cet ouvrage a été achevé d'imprimer en août 2016
dans les ateliers de Normandie Roto Impression s.a.s.
61250 Lonrai (Orne)
N° d'impression : 1603128
Dépôt légal : août 2016

Imprimé en France